新时装设计细节款式全书

[英]帕特里克·约翰·爱尔兰 (Patrick John Ireland) 著

周鑫 译

人民邮电出版社

北 京

图书在版编目（ＣＩＰ）数据

新时装设计细节款式全书 / （英）帕特里克·约翰·
爱尔兰（Patrick John Ireland）著；周鑫译. -- 北京：
人民邮电出版社，2019.8
ISBN 978-7-115-51099-0

Ⅰ. ①新… Ⅱ. ①帕… ②周… Ⅲ. ①服装设计
Ⅳ. ①TS941.2

中国版本图书馆CIP数据核字(2019)第069807号

版 权 声 明

内 容 提 要

　　本书旨在为众多对时装设计感兴趣的读者提供帮助。书中通过大量的手绘插画，分门别类地展示了几乎所有时装设计当中的细节，并对如何使用这些细节提出了建议。同时，作者还贴心地向读者展示了将设计速写图用作设计课程、考试、参考资料、设计开发等不同情况时的不同处理方法，力求从各方面帮助读者解决时装设计中遇到的问题和挑战。

　　本书适合时装设计院校的学生和相关从业人员学习与参考。

◆ 著　　　　　[英]帕特里克·约翰·爱尔兰（Patrick John Ireland）
　 译　　　　　周　鑫
　 责任编辑　　董雪南
　 责任印制　　陈　犇

◆ 人民邮电出版社出版发行　　　北京市丰台区成寿寺路 11 号
　 邮编　100164　　电子邮件　315@ptpress.com.cn
　 网址　http://www.ptpress.com.cn
　 临西县阅读时光印刷有限公司印刷

◆ 开本：787×1092　1/12
　 印张：25.34　　　　　　　　　　2019 年 8 月第 1 版
　 字数：644 千字　　　　　　　　2019 年 8 月河北第 1 次印刷

　 著作权合同登记号　图字：01-2017-3640 号

定价：108.00 元
读者服务热线：**(010) 81055296**　印装质量热线：**(010) 81055316**
反盗版热线：**(010) 81055315**
广告经营许可证：京东工商广登字 20170147 号

新时装设计细节款式全书

［英］帕特里克·约翰·爱尔兰（Patrick John Ireland） 著

周鑫 译

目 录

前言

本书的出发点原是为了给学生们作为参考资料使用，但现在，我希望它能为更多对时装设计感兴趣的读者提供帮助。书中介绍了所有时装设计当中的细节，以及如何使用这些细节设计方法的建议。

技巧

本书所使用的插图不同于线稿，它们为读者呈现了时装设计细节使用方法的发展过程，通过线条和色调相结合的设计速写图来呈现布料的质感与图案，凸显褶皱的效果以及垂坠的效果，同时还告诉读者这些平面效果是如何达成的。第9页的网格是专门为那些在人体绘图方面有困难的读者准备的，尤其是那些初学者。

设计课程

设计课程上一般都会要求学生提供设计速写图来展示他们的创意。学生在样品陈列室裁剪布料制作服装时，也需要提交设计图以及示意图。在举办展览、参加比赛以及进行作品评估时，则要用到演示图。学生们还常常需要根据讲师或生产商定好的设计大纲展开工作。

考试绘图

某些考试会要求参加考试的人画出清晰的示意图或速写图，同时还要求描绘某特定设计或细节，比如衣领、袖子、口袋或育克。本书插图中展示的一些绘图方法，就是为了帮助学生们完成这一部分的考试要求。

参考

这部分内容作为参考资料，展示了时装设计的一些细节及其装饰效果。这部分插画展示的是时装设计中可能会遇到的众多风格特征中的一部分，比如缝褶、活褶、绲边、口袋及衣领。其中很多细节的历史沿革及其发展都在插画中得到呈现。

设计开发

在开发某个设计系列的准备阶段，设计师必须迅速完成手绘图，好让创意和灵感能够流动起来。这个阶段的设计图，旨在表达创意，因此只需粗略地画出即可，这种方法一般称为"头脑风暴"。通过线图（即款式图）来开发创意是很有效率的做法，而且有利于设计师拓展相关创意并使它们成为一个统一的设计系列。在本书的插图中就能看到手绘线图、设计速写图以及设计展示图几种不同的设计图。

设计速写图

设计速写图可以借助人像模板图表的帮助来完成，使设计师能够迅速地画出自己的创意，并使时装的比例、层次以及细节等与人像相适应。当你对手绘更加自信时，就应该开始磨炼自由手绘的技巧了。

这幅设计展示图是用浅灰色理查斯特（Letraset）马克笔在质地柔滑的白色卡纸上完成的，连衣裙的阴影部分使用了软芯铅笔来绘制。人像的身体和皮肤则用宽笔头的毡头笔配合 HB 铅笔来绘制细节。

这部分内容是为了帮助那些在手绘人像方面有困难的读者而准备的，尤其是处于初期学习阶段的读者。

参加人像速写培训班并学习一些解剖学的知识会对你们有所帮助，但借助人像模板图表来绘图的方法，在帮助设计师完成设计图以及开发设计创意方面也很有效。人像模板图表中囊括了很多不同的人像姿势、动作图。

这些人像图的比例多为$7\frac{1}{2}$～8头身。用于展示及宣传的设计图，通常都需要经过设计并使用一些夸张的手法来绘制，以此来强调服装的整体造型。但是在画设计速写图开发灵感时，常见的做法是使用不经过夸张处理的标准比例，这样一来，服装的轮廓、剪裁以及主要的设计细节就能够被清晰地呈现在图中，方便设计师关注衣领、口袋、纽扣等细节的位置。

时装的整体造型则需要提前决定好。要在绘制设计图时，就为该款设计选择一个适合的人像动作，例如运动、休闲风格或优雅、成熟风格。脸部妆容和发型只需要简略画出，但也必须与服装的设计相辅相成。

本书中一系列的人像插图，分别使用了不同的技巧来绘制，另外书中还对所使用的工具进行了简单描述。从借助人像模板图表绘图到自由速写需要用到的各种绘画技巧都可以在书中找到。

人像速写

人像的标准比例为 $7\frac{1}{2}$ ~ 8 头身。在时装图中的人像，其比例则为 8 ~ $8\frac{1}{2}$ 头身。

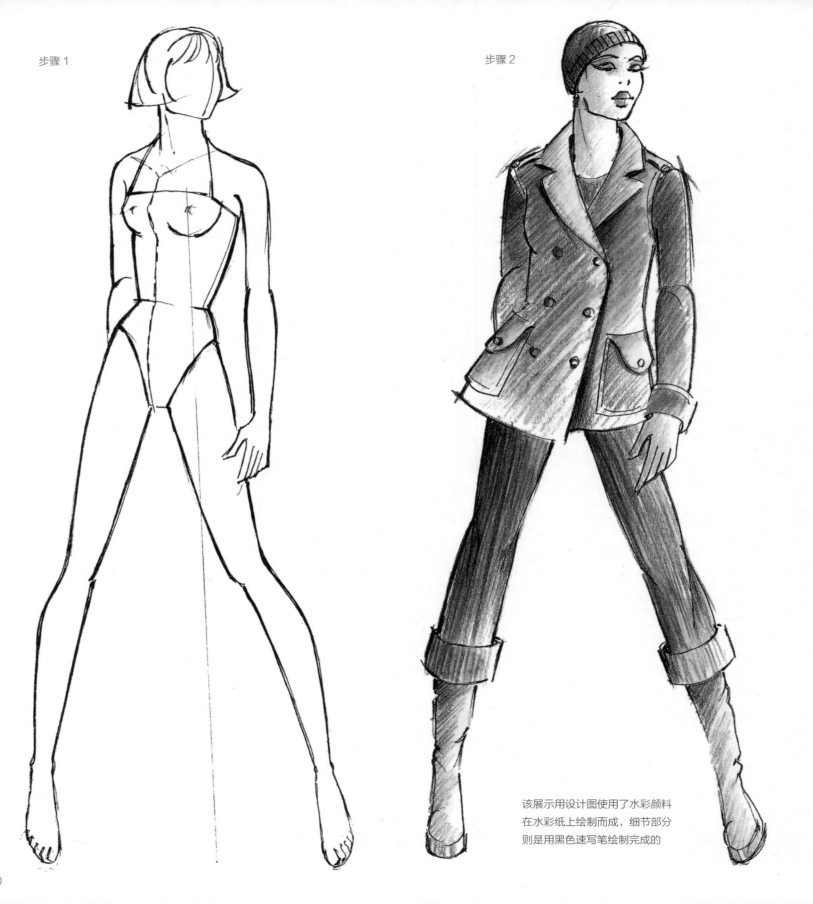

步骤 1

步骤 2

该展示用设计图使用了水彩颜料
在水彩纸上绘制而成，细节部分
则是用黑色速写笔绘制完成的

该展示用设计图使用了细头钢笔
和得韵（Derwent）水溶性彩色
铅笔在厚白色画图纸上绘制完成

人像姿势动作的选择，请注意人像图正中
间的那条线，把它作为一根基准线，有助
于画出平衡的设计图细节

该展示用设计图使用了黑色铅笔
在白色卡纸上绘制完成，色彩部
分则用了理查斯特马克笔来绘制

步骤 1

步骤 2

该展示用设计图使用了黑色
水笔来勾勒线条,并用理查
斯特马克笔上色完成

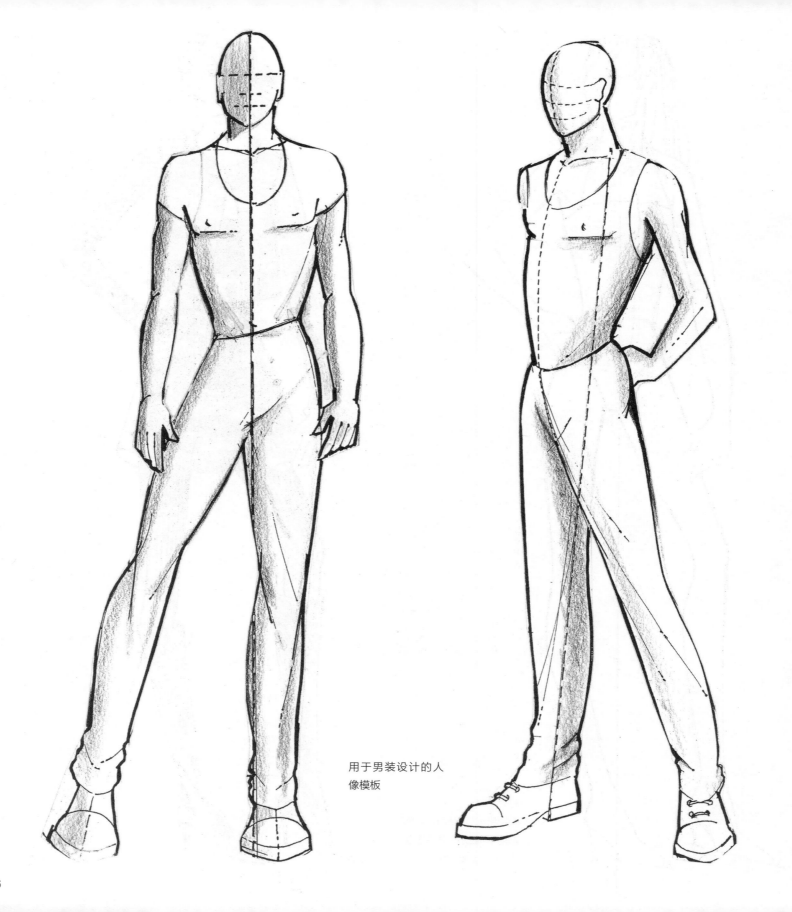

用于男装设计的人
像模板

步骤 1

步骤 2

本页中的造型设计展示图是用
黑色墨水绘图笔完成的。彩色
部分使用了理查斯特马克笔。
布料质感则通过使用柔软的
3B 铅笔来表现。

20 世纪 50 年代的绉纱材质晚礼服，斜裁绉纱晚礼服搭配紧身胸衣及形成短袖效果的宽肩带。拖地长裙在腰部束起，裙身上还有两片飘逸的丝绸衬里侧片。

20 世纪 30 年代的晚礼裙。斜裁绉纱晚礼服搭配紧身胸衣，在胸衣和裙身上都进行了拼接效果的处理。这件斜裁拖地长裙搭配了低胸垂褶领以及从臀线开始向外散开的裙摆。

服装的历史

不同历史时期的时装细节
手绘图，可以作为今后设
计灵感的来源。

1906

1907

1905

1906

1909

1905

1906

20

两个关于服装的研究，收集了不同历史时期衣袖部分的设计细节，是参照展示的时装、书籍、博物馆展品、绘画以及时装专栏绘制而成的，在这里用作参考。

1904

1903

1905

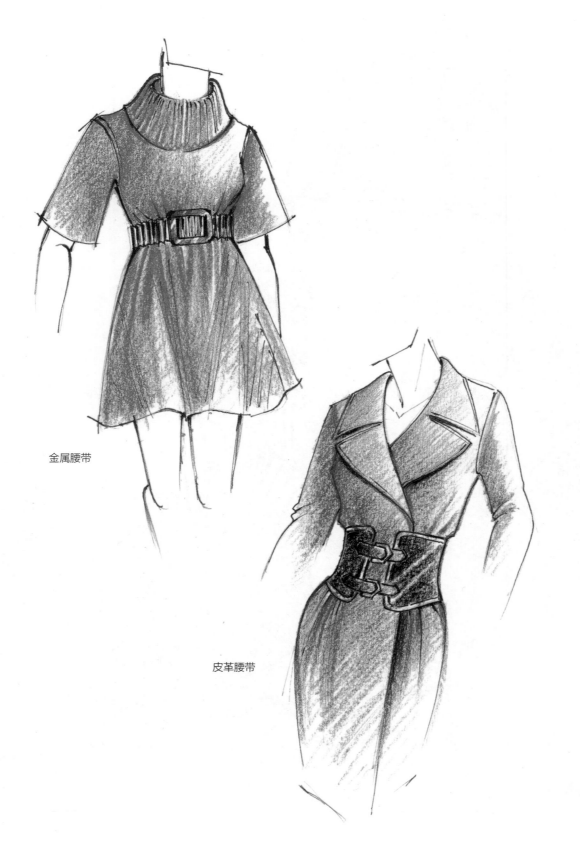

金属腰带

皮革腰带

作为时尚配饰，腰带已成为时装十分重要的一个组成部分。它既可以作为某个时装细节出现，又可以单独作为一种时尚造型或一款设计的重点而存在。根据风格定位的不同，腰带的设计也会有所不同，从休闲运动风格到成熟风格和经典款。腰带的造型也从大体积、附加多个紧固件的大胆设计，向更加精美雅致和低调的设计转变。

紧固件可以是皮带头、皮带扣、打结、系带、挂钩、铆钉或扣绊等许多体现设计巧思的机关。材质的选择也可以多种多样，各种不同颜色和纹路的皮革或布料、橡胶、金属或混搭材料都可以用来制作腰带。

腰带

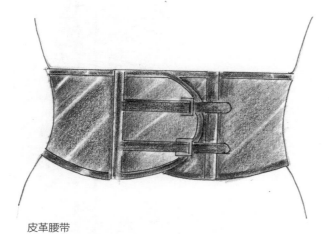

皮革腰带

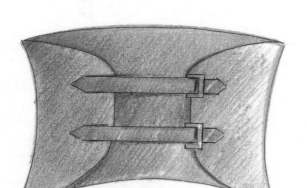

皮革腰带

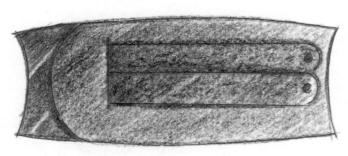

皮革腰带

皮革、铜扣和链条

皮革腰带

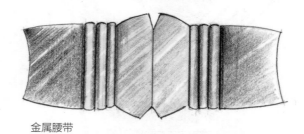

金属腰带

金属腰带

一些设计各异的腰带，既可佩戴在腰线位置，也可用在腰线以下的位置

该速写图使用了黑色蜡笔绘制完成，将纸衬于布料表面来画出裙子布料的材质

另一些不同风格的腰带

斜裁使布料产生褶皱
并能够凸显身材

斜裁

沿着布料的横向纹理进行剪裁，从而获
得一种柔和的纵向褶皱感。通过斜裁，
可以很容易将布料做出褶皱的效果。

使用两片斜裁布料作
为晚礼服的侧片，搭
配柔软垂坠的垂褶领

侧片为整块斜裁
布料的半身裙

裙身上镶嵌了经过斜裁的布料插
片，袖子则通过斜裁达到整体呈
褶皱的效果

整体斜裁半身裙以及斜
裁垂褶领口

用三角形布料拼接缝制而成的半身
裙——被裁剪成三角形的布料可以用
来制作大衣、连衣裙或半身裙，以增
加服装的丰满度

整体斜裁的裙子

肩袖

腰褶饰边

裙身、衣袖以及领口统一采用斜裁设计　　撞色三角形布块搭配领口的斜裁细节

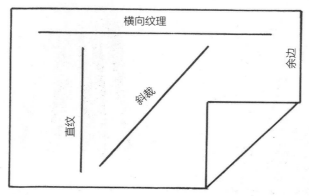

针织纹路决定了布料纤维的方向。直纹指的是穿过纬线的经线。斜穿过经纬线纹理的剪裁方式就是斜裁。横向纹理更具有弹性，也能够更好地形成垂褶，为服装带来更加丰满的效果。

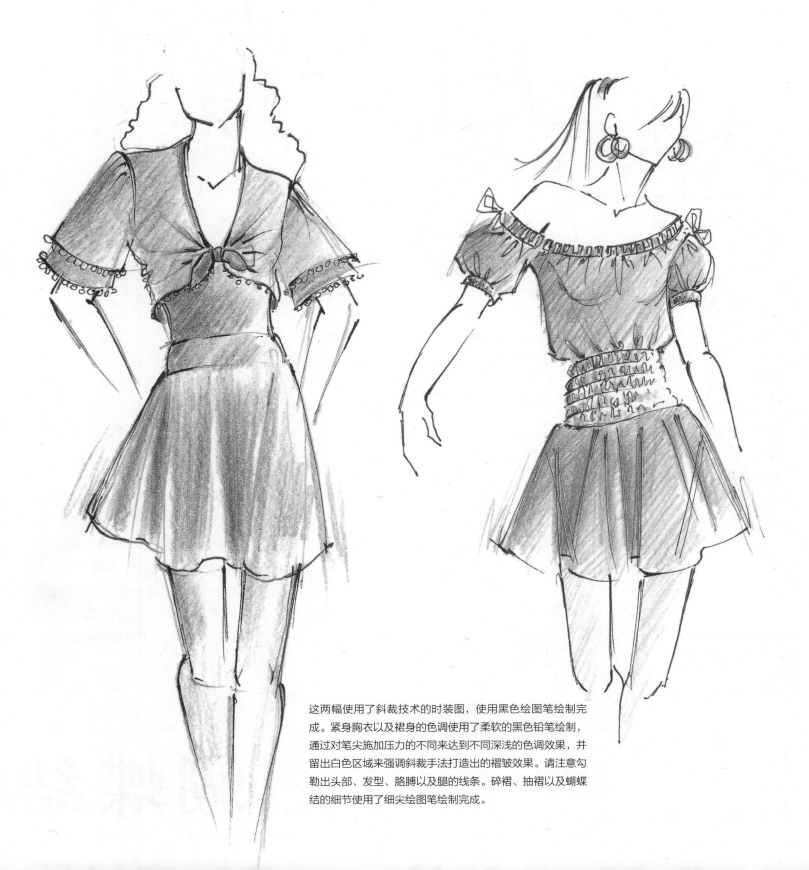

这两幅使用了斜裁技术的时装图，使用黑色绘图笔绘制完成。紧身胸衣以及裙身的色调使用了柔软的黑色铅笔绘制，通过对笔尖施加压力的不同来达到不同深浅的色调效果，并留出白色区域来强调斜裁手法打造出的褶皱效果。请注意勾勒出头部、发型、胳膊以及腿的线条。碎褶、抽褶以及蝴蝶结的细节使用了细尖绘图笔绘制完成。

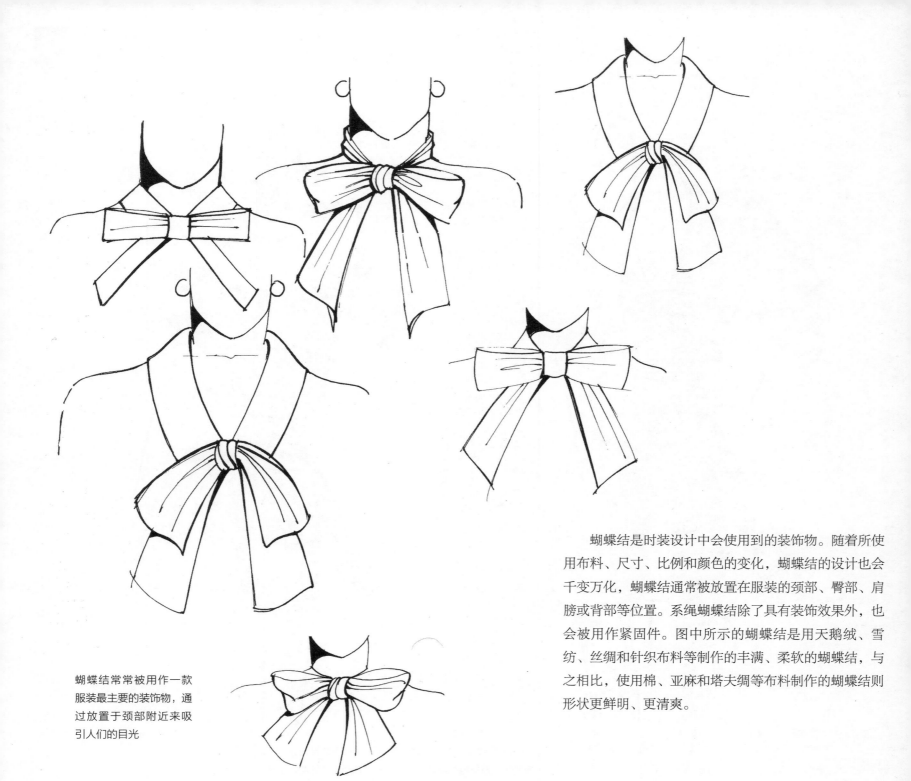

蝴蝶结是时装设计中会使用到的装饰物。随着所使用布料、尺寸、比例和颜色的变化，蝴蝶结的设计也会千变万化，蝴蝶结通常被放置在服装的颈部、臀部、肩膀或背部等位置。系绳蝴蝶结除了具有装饰效果外，也会被用作紧固件。图中所示的蝴蝶结是用天鹅绒、雪纺、丝绸和针织布料等制作的丰满、柔软的蝴蝶结，与之相比，使用棉、亚麻和塔夫绸等布料制作的蝴蝶结则形状更鲜明、更清爽。

蝴蝶结常常被用作一款服装最主要的装饰物，通过放置于颈部附近来吸引人们的目光

蝴蝶结

若需要做出硬挺效果的蝴蝶结可以使用棉、亚麻和塔夫绸等布料——
这些晚礼服使用蝴蝶结作为其最主要的装饰细节。该手绘图使用黑色
铅笔绘制，色彩部分使用柔软的蜡笔绘制完成。类似卷边肩带、蝴蝶
结和抽褶等细节线条则使用细尖钢笔绘制完成。

一些用富有垂坠感的布料制作
而成的蝴蝶结

使用精选布料制作的不同比
例的蝴蝶结，突出其垂坠感
以达到装饰的效果

搭配有蝴蝶结装饰细节的晚装

在晚装设计中，给背部添加蝴蝶结是一种有趣的装饰方式

丝绸质地的大型蝴蝶结，展现出柔软的褶皱和垂坠的效果

图中的服装在肩部和颈部添加了蝴蝶结的装饰细节，其灵感来自于过去的时装

将蝴蝶结置于颈、肩和臀部作为装饰的方法，在过去的时装设计中常常被用到。蝴蝶结既可以被用作装饰物，也可以作为紧固件而存在。请注意如何使用不同的面料来打造出不同的比例和垂坠效果。

平驳领，这类衣领通常为前开口对襟，前襟中的一片搭在另一片之上

衣领的设计主要有三种风格：平领、立领和翻领。衣领可以贴着颈部或不贴着，也可以是可调整的。不同的效果取决于所使用布料的重量和材质，在绘制夹克的设计图时应考虑到这一点。

这一章中的插图囊括了一系列衣领的基础风格设计，展示了设计连衣裙、衬衫和大衣时所采用的不同风格。形式千变万化的衣领均衍生自这些基础风格。

其中一些设计灵感，来源于过去那些受到军装和民族服装影响的时装。依据衣领的基本原型，我们给衣领起了许多不同的名称，像是彼得潘领、青果领、旗袍领、海军领、诗人领或修士领。衣领既可以起到实用的保护作用，也可以作为一种装饰而存在。

青果领

衣领

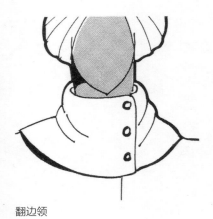

翻边领

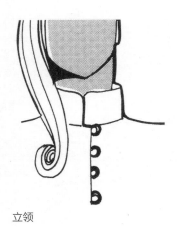

立领

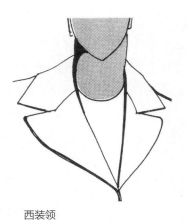

西装领

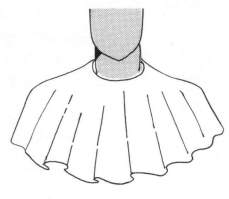

披巾领，一种模仿 20 世纪 20 年代的及肩短披风的衣领

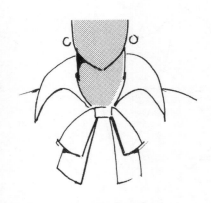

格莱斯顿领，立领的一种，搭配有丝质长条领结

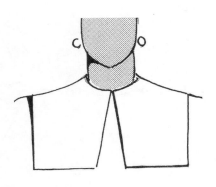

修士领，一种宽幅下垂的平领

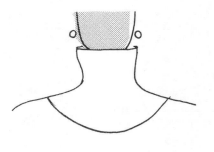

漏斗领，这类衣领在颈线的上端向外发散开去

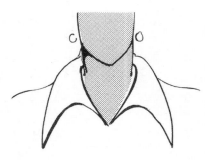

诗人领，使用柔软垂坠的布料来制作的衬衫衣领

海军领，背后为方形，前襟变窄

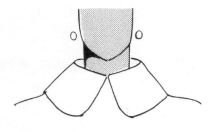

伊顿领，使用了经过加硬处理的布料制成的大衣领

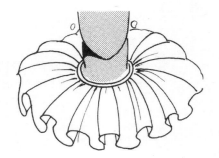

小丑领，就像一圈很大的飞边

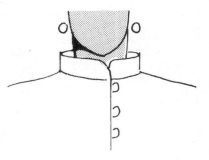

旗袍领，一种小立领，紧贴颈部

衣领的组成部分

贴着脖子的部分被称为底领。翻折过来遮盖住底领的部分叫作翻领或驳头。根据设计的不同，底领的高度往往也有所不同。翻领翻折的那条线叫作翻折线。领外轮廓线是指衣领的外轮廓边线。驳头与衣领之间的部位叫作领嘴。

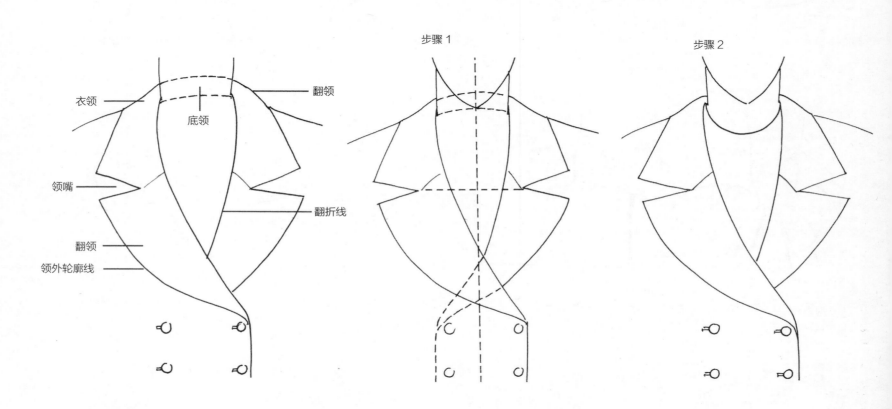

步骤1   步骤2

衣领
底领
翻领
领嘴
翻折线
翻领
领外轮廓线

画出双排扣大衣衣领和驳头的两个步骤。请注意虚线部分，手绘图最前面那条中线的两侧图形要相互平衡。

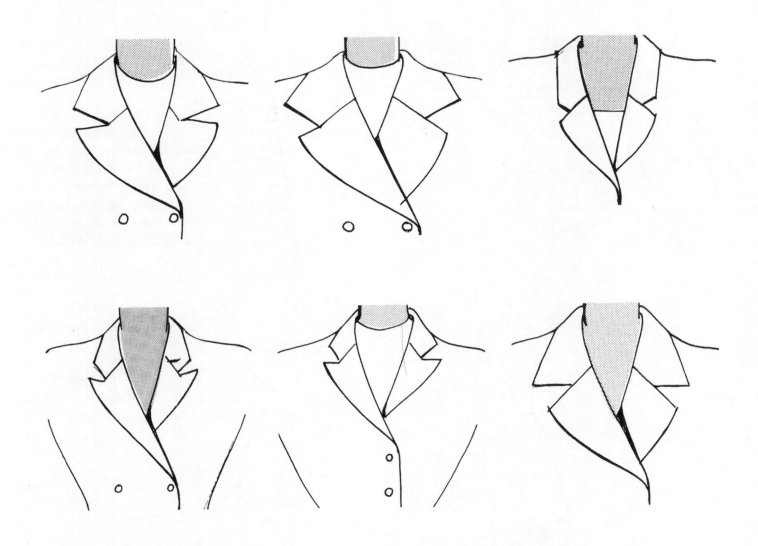

一些西装领和驳头的示例

立领搭配军装风格的设计。手绘图中呈现的设计要点有立领、口袋、袖口、单排扣和双排扣。内嵌棉绳的绲边和贴边缝也被用在了这款设计中（参见第 244 页）。该手绘图使用了表面质地细密的白色绘图纸。色彩部分用到得韵彩色铅笔，细节部分则使用很细的 HB 铅笔绘制完成。

立领

　　立领是从衣服的颈部接缝线开始向上延伸的一种衣领。根据不同的设计效果需求，领子的高度通常也不一样。常见的立领由环形嵌条或翻折成双层的嵌条构成。这种衣领可以用于大衣、外套、连衣裙或衬衫等——任何有领口的服装上面。

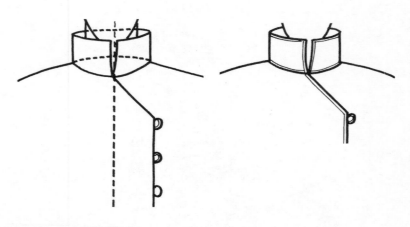

请注意绘制立领的两个步骤

各种各样的立领

更多衍生而出的立领样式

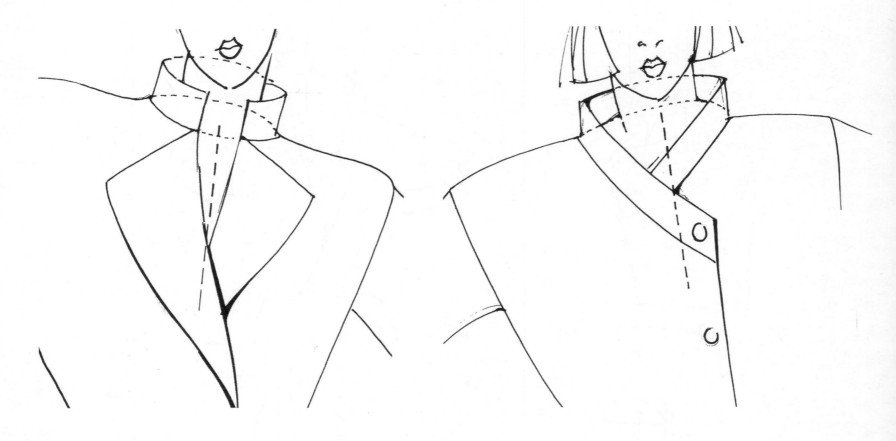

上页的 4 款设计展示了一些不同风格的立领。请注意虚线
部分，这条轮廓线能够在速写的过程中起到辅助的作用。

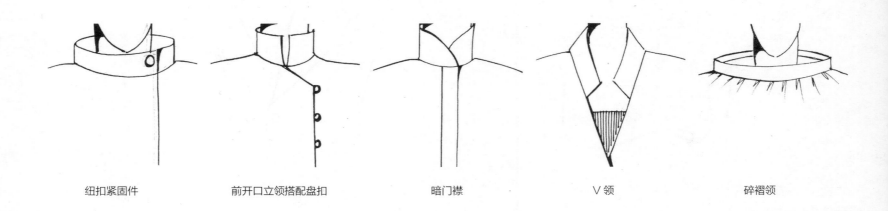

纽扣紧固件   前开口立领搭配盘扣   暗门襟   V 领   碎褶领

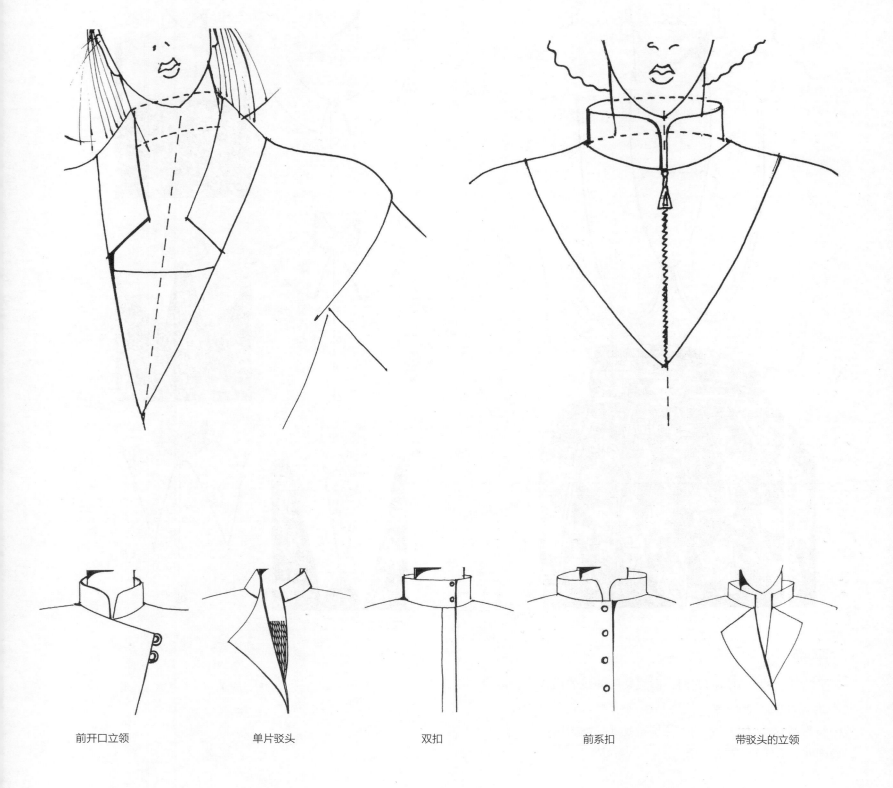

前开口立领　　　　　单片驳头　　　　　双扣　　　　　前系扣　　　　　带驳头的立领

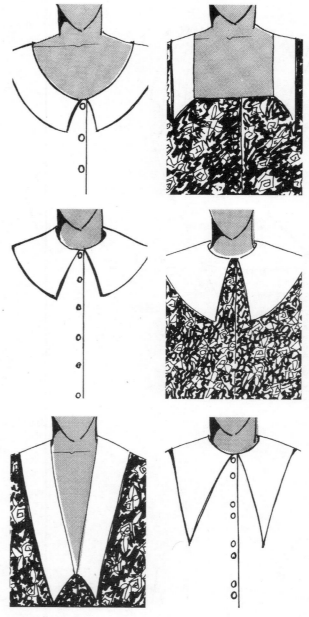

平领的变形

平领

　　平领是一种沿领口向四周，即服装延伸线的反方向平铺开来的衣领样式，位置稍稍高于颈部的下边线。彼得潘领是一个平领的绝佳例子。此处插图中可以看到许多不同的基础款平领。

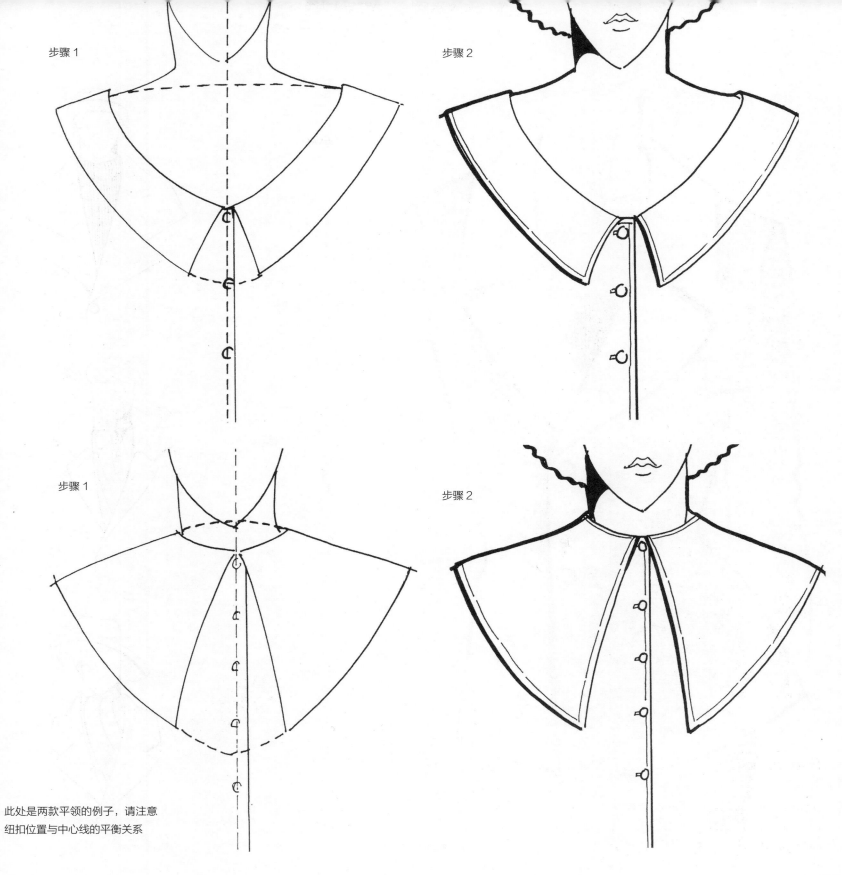

步骤 1　　　　　　　　　　　　　　步骤 2

步骤 1　　　　　　　　　　　　　　步骤 2

此处是两款平领的例子，请注意
纽扣位置与中心线的平衡关系

双排扣夹克搭配西装领

适用于大衣的不同比例的衣领和驳头

单排扣夹克搭配西装领

单排扣夹克搭配青果领。青果领可以在形状上千变万化，轮廓可以是有弧度的、扇贝形或者带有领嘴的。传统青果领是包裹住前襟并用一根系带扎住的（请见后页）。

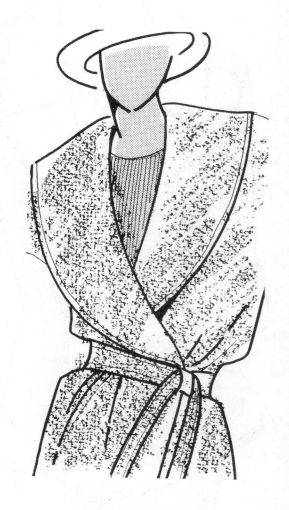

青果领

　　青果领使用整片布料一次性剪裁而成，这就省掉了把领口和翻领部分缝接在一起的步骤。通常它的轮廓是一条完整的线条，但一些设计也会用到锯齿形状或扇贝形状的轮廓线。使用此类领口的服装通常有包裹式前襟并用一根系带或纽扣来固定，也可以用第54页插图中所示的方式来固定。

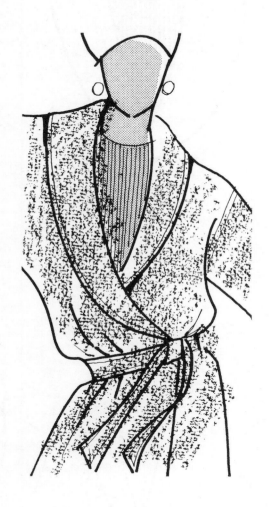 

步骤 1

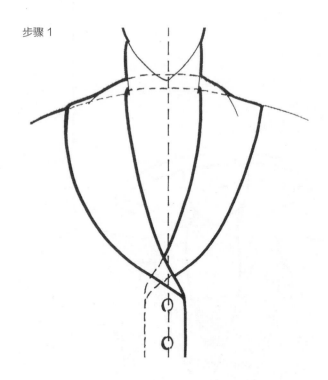

步骤 2

绘制青果领的两个步骤，要以中线为准线
平衡左右两边的图形

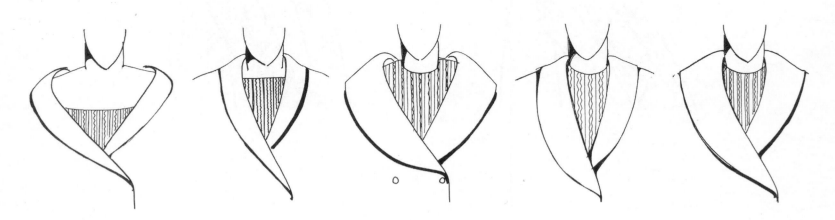

一些以青果领为特色的设计

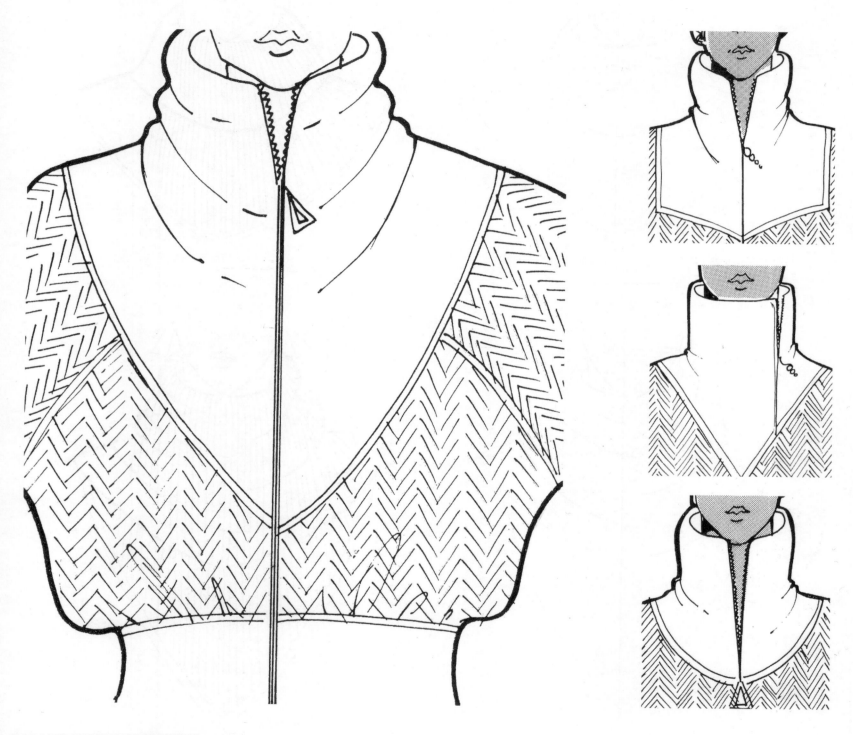

以漏斗领搭配拉链的设计为基础的造型

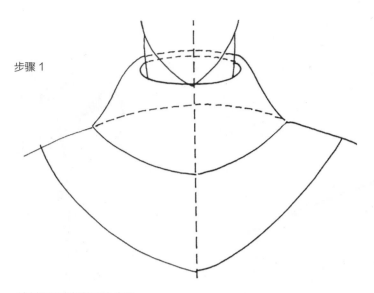

步骤 1

绘制翻层高领的两个步骤

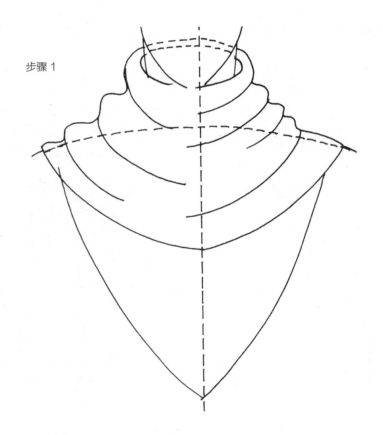

步骤 1

步骤 1

两个步骤来绘制嵌入育克且固定于前襟正
中位置的高领

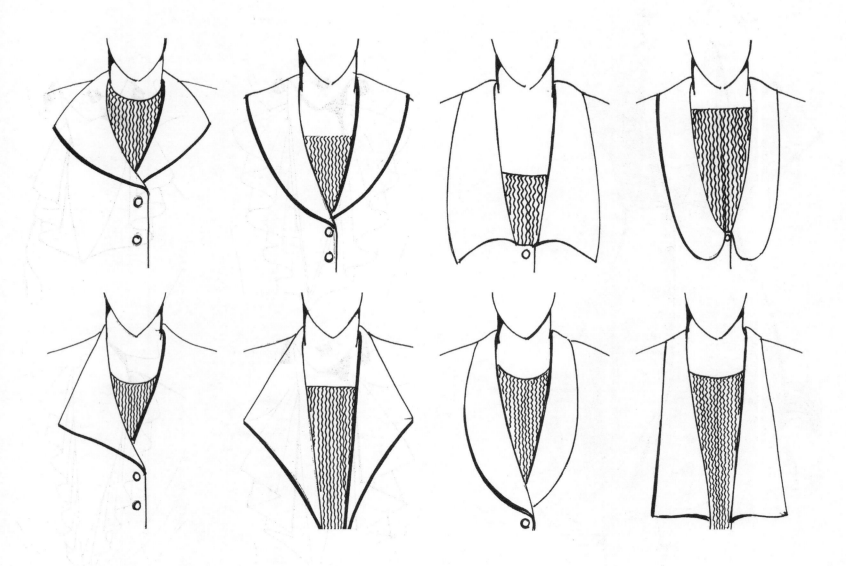

一些衣领的示例

垂褶领

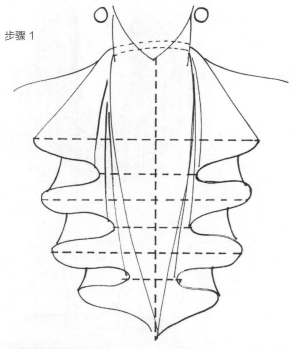

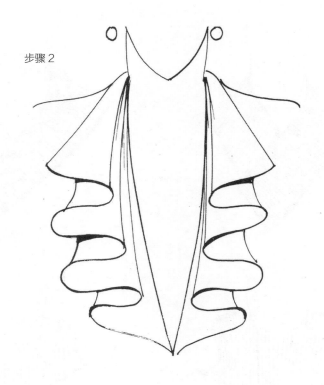

绘制垂褶领的两个步骤

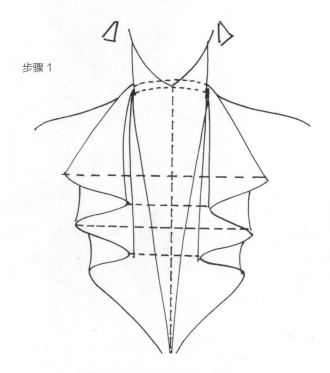

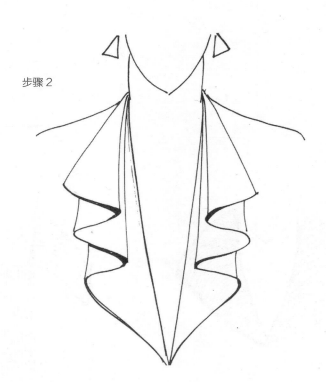

请注意，在画波浪边时，使用虚线作为平
衡辅助线

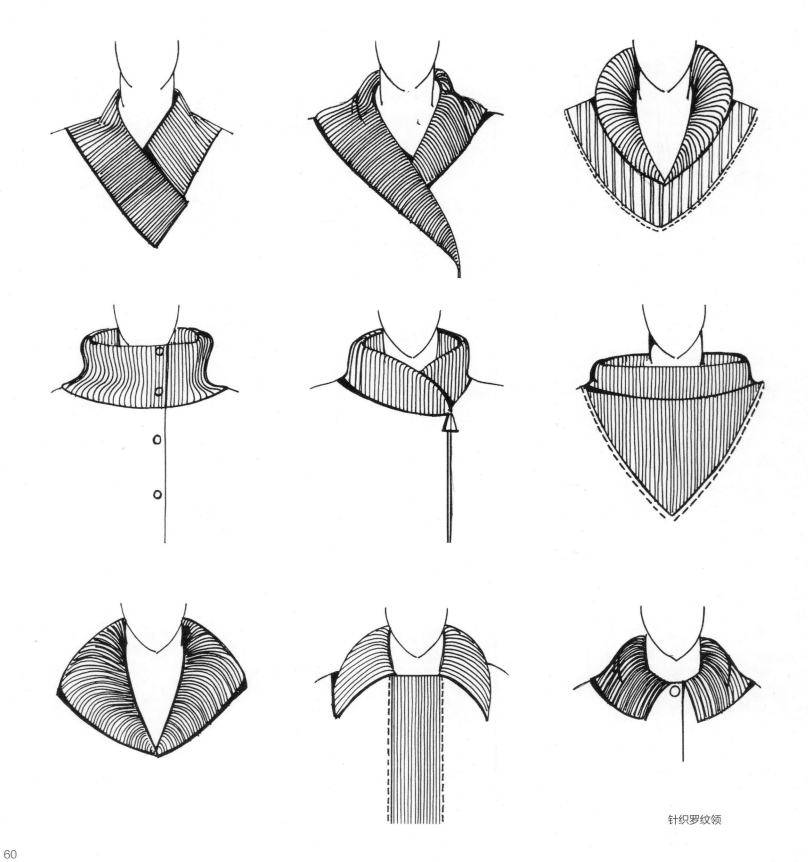

针织罗纹领

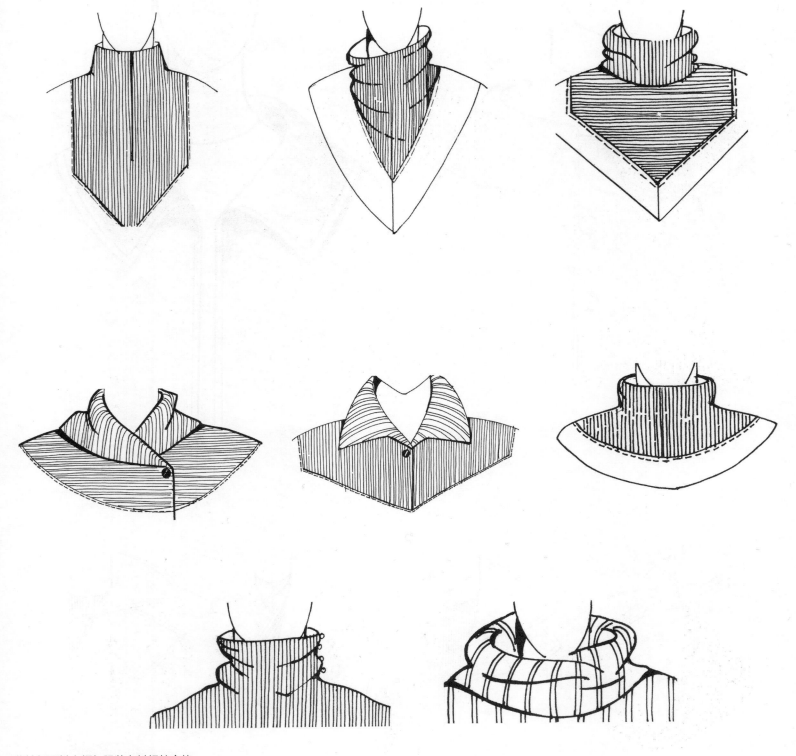

一些针织面料衣领与服装布料相结合的
设计。所使用的纱线质地不同，最后达
到的效果也会有所不同。

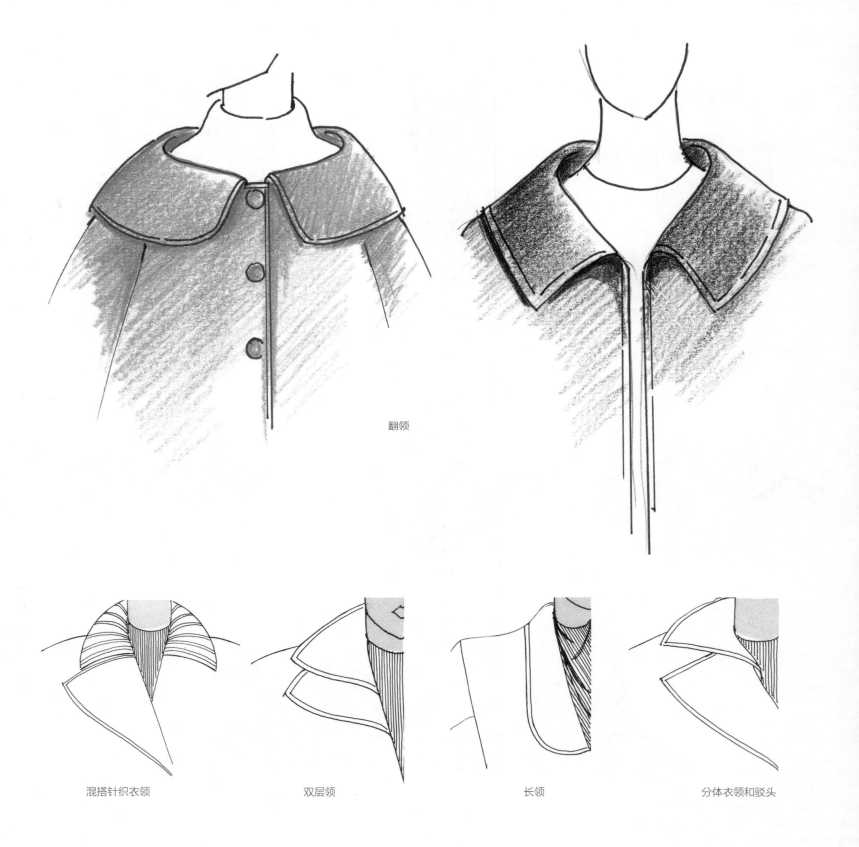

翻领

混搭针织衣领　　　　双层领　　　　长领　　　　分体衣领和驳头

作为设计要点而存在的不同比
例的衣领和驳头来搭配不同风
格的大衣

大衣上的大衣领和
驳头

一些衣领和驳头的示例

衣领和驳头的示例

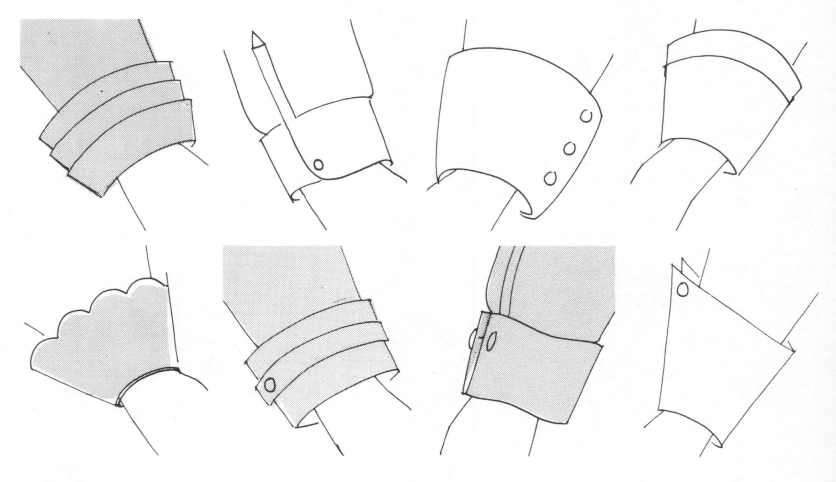

一些袖口的示例

袖口

衣袖通常会有一个简单的锁边，或者会有专门的袖口。袖口可短可长，可以是细长、短粗、呈特殊形状、方形剪裁或带有角度的。袖口的风格可以朴素，也可以特点鲜明突出或经过修饰，还可以做成单层或多层的。袖口的设计效果通过修剪、活褶、缝褶、碎褶和抽褶来实现。

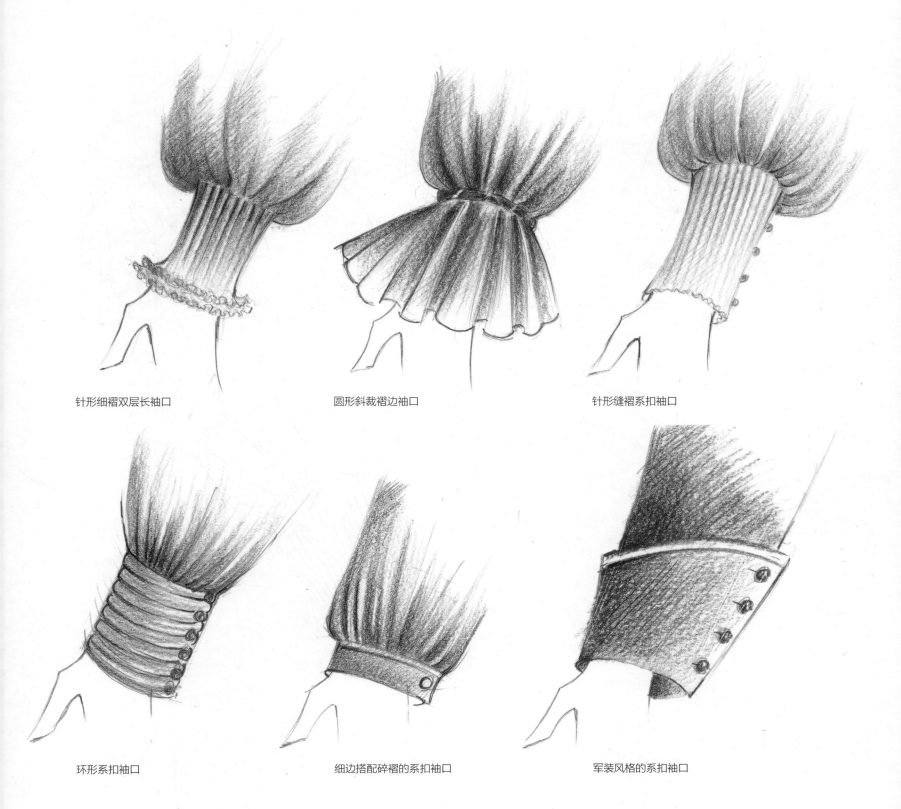

针形细褶双层长袖口   圆形斜裁褶边袖口   针形缝褶系扣袖口

环形系扣袖口   细边搭配碎褶的系扣袖口   军装风格的系扣袖口

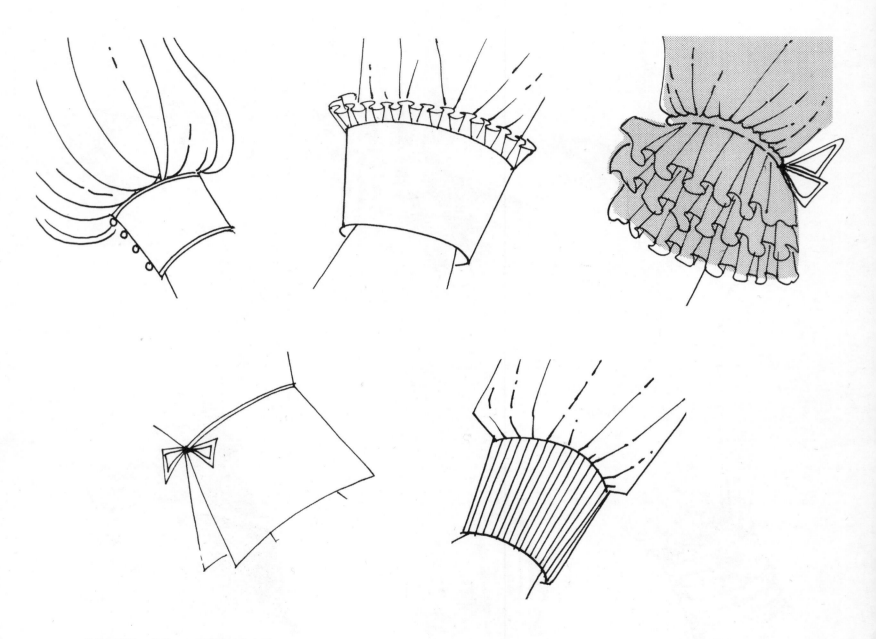

一些袖口设计，使用了不同的装饰物来增
加趣味性并使设计更加完整

在一款时装设计中使用褶裥可以创造很多种不同的视觉效果。它既可能成为某一款设计的主旋律，也可以只作为衣领、紧身胸衣、衣袖或裙身的一个细节而存在。制作褶裥所用的布料必须具备良好的垂坠感，比如像丝绸、平针织物、细羊绒、天鹅绒或雪纺这样的质地。从精致、柔软的折痕到深褶皱，褶裥的样式繁多，其效果主要取决于所用布料的质地。

褶裥

此处的时装设计速写图使用了表面光滑的白色绘图纸和铅芯柔软的铅笔绘制。色彩部分则使用理查斯特马克笔和得韵彩色铅笔绘制完成，以此来强调褶裥和布料的褶皱效果。

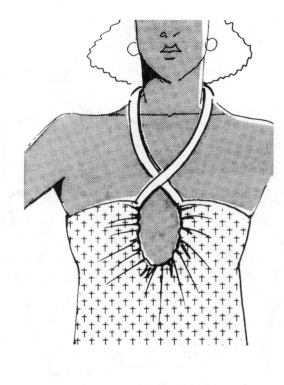

从领口部位开始的褶裥，
搭配有肩带

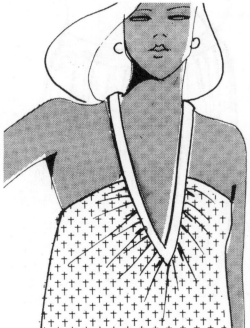

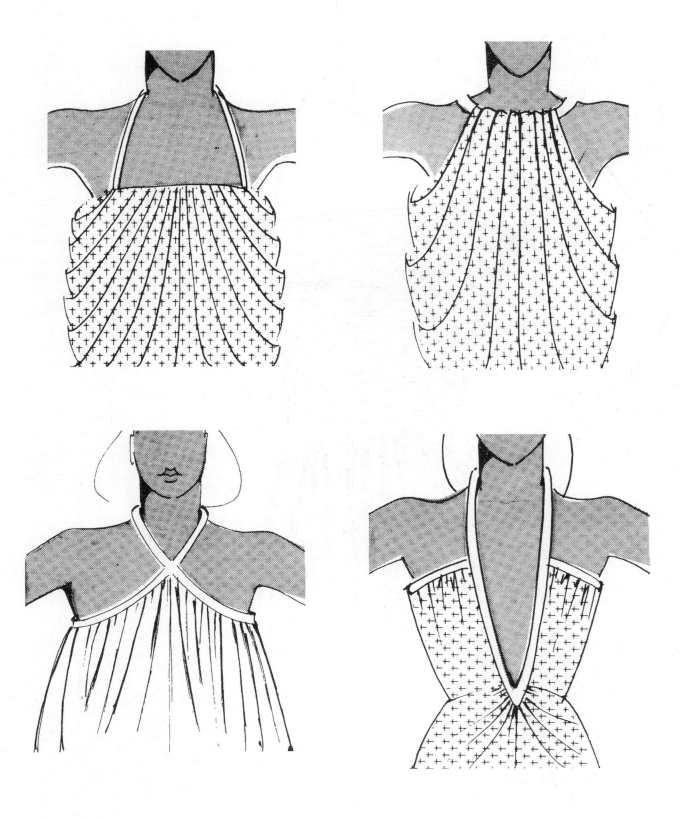

褶裥紧身胸衣。此处的插画展示了如何在
晚礼服的设计中利用褶裥和肩带的配合来
打造有趣的领口形状。连衣裙的胸衣部分
使用褶裥工艺可以创造多种设计效果，通
常的做法是使布料呈柔和的褶皱，以此来
增加裙摆的幅度；或通过有节制的调控来
强调身体的轮廓，就如此处插画中所呈现
的那样。

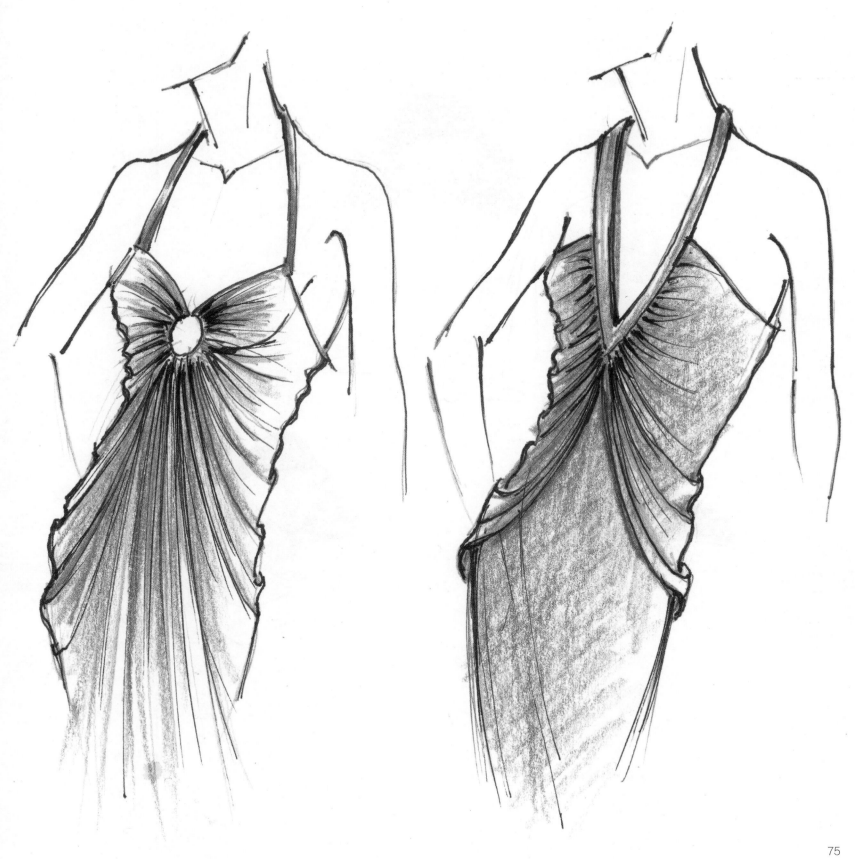

晚装设计中肩部的褶皱细节

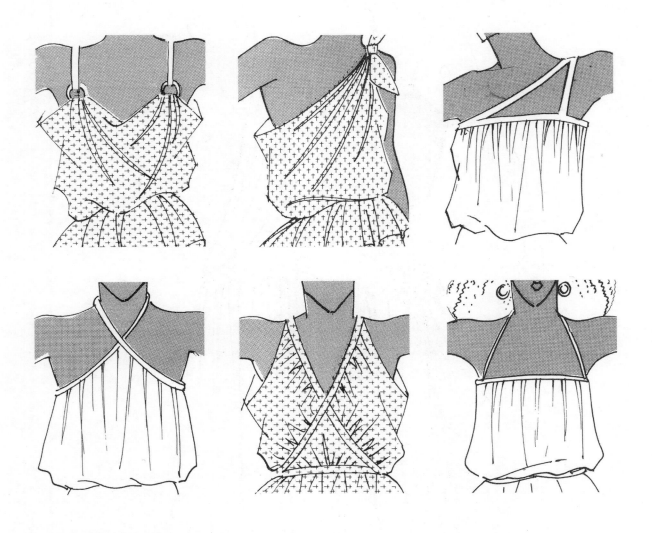

更多从领口部位开始的搭配
肩带的褶裥设计示例

20 世纪 20 年代

20 世纪 20 年代的褶裥晚礼服

丝绸连衣裙是来自于 1925 年的设计。这条连衣裙有着平直的领口和细窄的肩带，以及稍显宽松臀线的紧身胸衣。裙身装饰有羽毛花朵并在膝盖以下的位置用雪纺做成了瀑布状的垂坠效果。

另一件来自于 20 世纪 20 年代的褶裥裙装设计，拥有裹身式胸衣以及碎褶裙身。一条漂亮的发带为这款设计增添了些许时代的痕迹。

20 世纪 50 年代

受到 20 世纪 50 年代风格影响的褶裥胸衣

这是一款设计灵感来自于 1954 年的灯芯绒晚礼服。低胸的领口，裙身部分从胸线位置开始，使用了有褶皱的布料。搭配宽肩带和胸衣两侧的侧片，拖地长度的裙摆，并在臀部附近添加了一些褶皱。

另外一条来自 1954 年的连衣裙。这款中长度塔夫绸连衣裙有着合身的鲸骨支撑紧身胸衣，在胸线位置做出了褶皱的效果。宽裙摆是按照喇叭裙的形状来进行剪裁的，臀部轮廓非常合身。

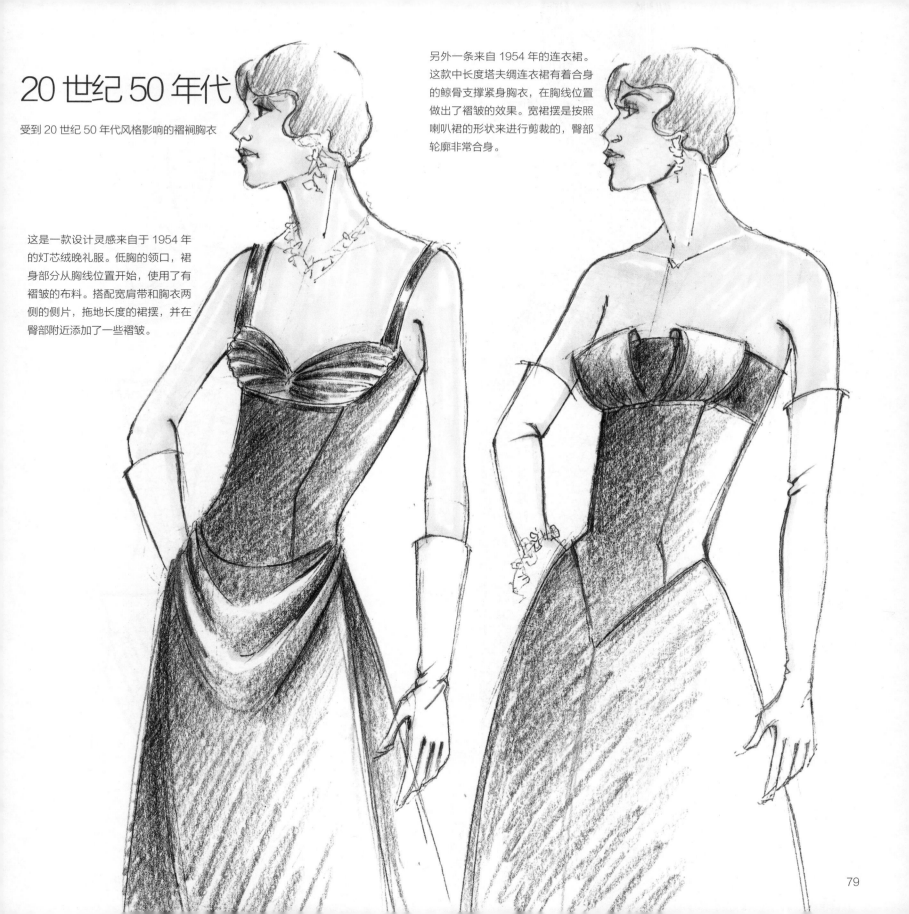

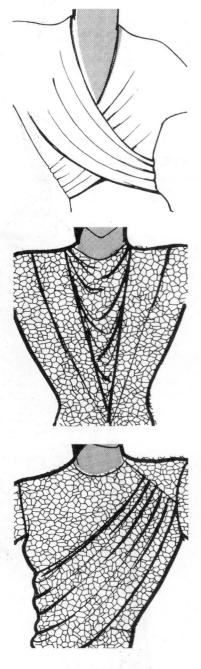

20 世纪 30 年代及 40 年代的褶裥胸衣

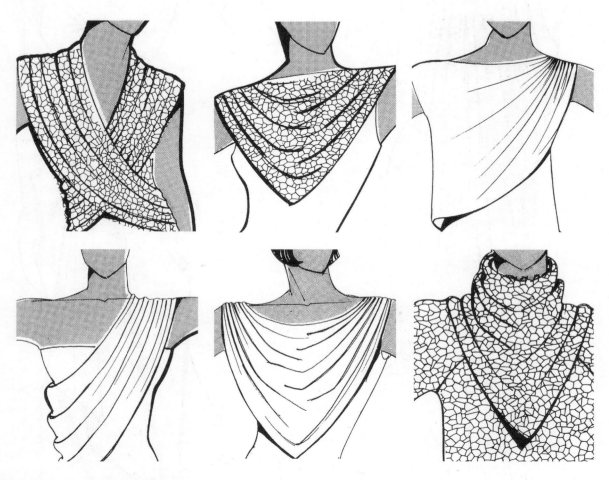

更多灵感来自于 20 世纪 30 年代和
40 年代的褶裥风格设计

从领口育克处开始的褶裥

将衣袖和裙身都做成褶裥效果的晚礼服

此处的设计手绘图使用了表面平滑的白色绘图纸和 2B 铅笔绘制。色彩部分使用得韵水溶性彩色铅笔绘制完成，这种彩色铅笔可以干用，也可以在用铅笔涂色的位置加水并用水彩刷来画出水彩效果。细节部分使用 HB 铅笔加以强调。请注意，留白的部分是为了强调服装上的褶裥。

褶裥蝴蝶结

考尔式柔褶

设计灵感来自于 20 世纪 30 年代
和 40 年代的褶裥胸衣

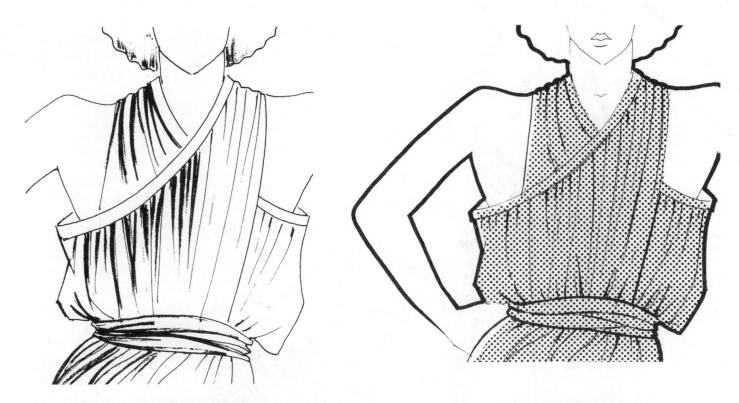

步骤 1：简单的速写线稿，使用软芯铅笔给褶皱处打上了阴影　　　　步骤 2：稍加用力地使用铅笔来强调褶裥

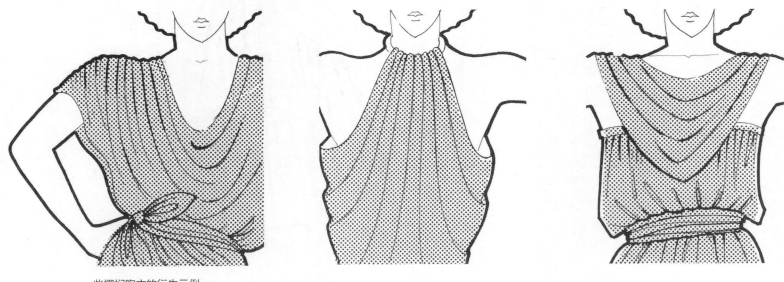

一些褶裥胸衣的衍生示例

此处插图中的设计展示了在晚礼服的胸衣上做出更加规律褶裥的效果

褶裥胸衣和裙子

褶裥胸衣和束腰

考尔式柔褶与斜裁短裙

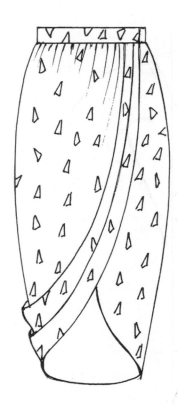
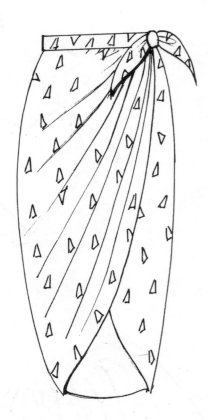

混搭了各种褶皱工艺的裹身式半身裙

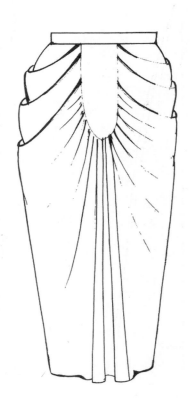
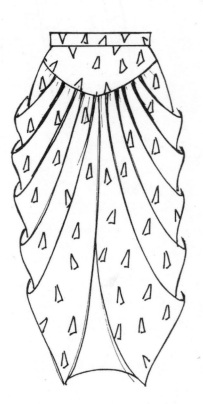

搭配育克插片的各式褶裥半身裙

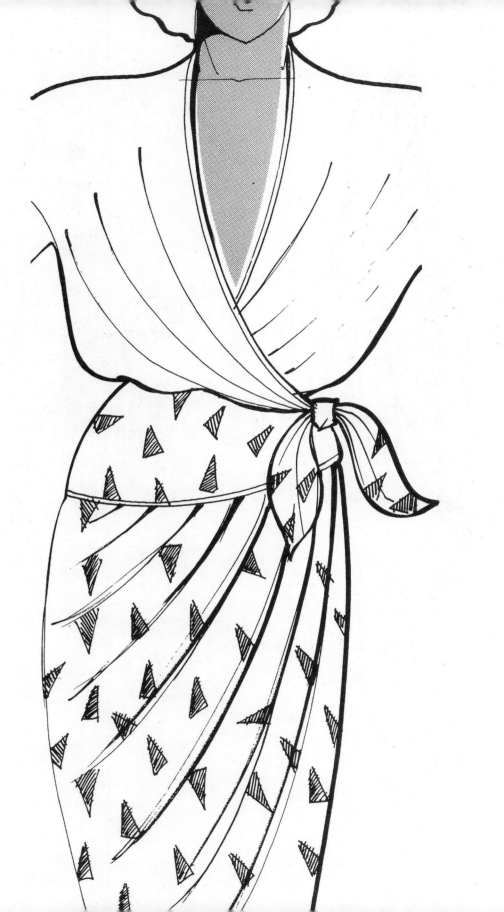

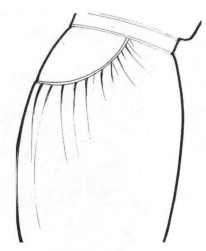

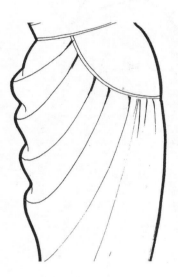

裙身两侧为育克侧片的褶裥
半身裙

使用轻量布料做出的柔褶

一些连衣裙速写图，请观察在过去的时装
中对褶裥的使用方式。请注意在颈线、肩部、
衣袖、腰部和裙身部分使用褶裥的效果。

抽绳可以非常有效地使用在一款服装的许多部位，比如在夹克或衬衫的底边、领口、袖子以及长裤上。将一根绳子穿入事先预留的套管内或布料边缘处，便可以利用它将宽松的布料收紧。而绳索可以是管状、编织或卷边等不同样式。

抽绳

此处的插图主要用于展示在腰部、衣袖、肩部、领口以及裙边使用抽绳的情况。
请注意，为了节约时间，此处的人像全部使用了相同的姿势。这种做法也适用
于想将灵感迅速记录在纸上时使用。这样做有助于回顾之前的速写图，以及改
变设计时进一步开发灵感。

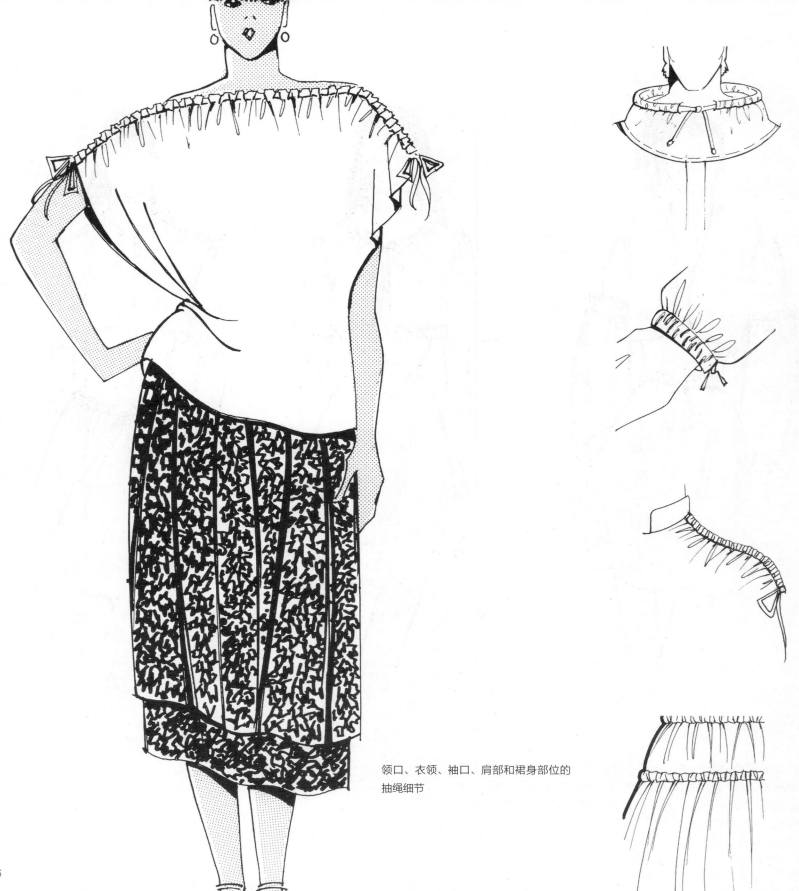

领口、衣领、袖口、肩部和裙身部位的
抽绳细节

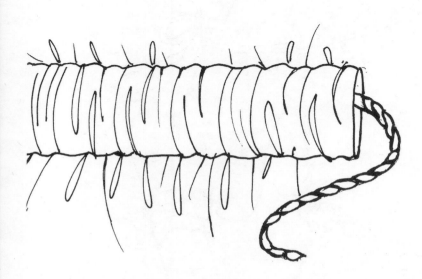

此处的插图展示了在时装设计图中简单画出褶皱抽绳套管的方法。抽绳套管的宽度和总体效果取决于所用的布料。绳索可以被做成编织穗带、管状或绲边样式。

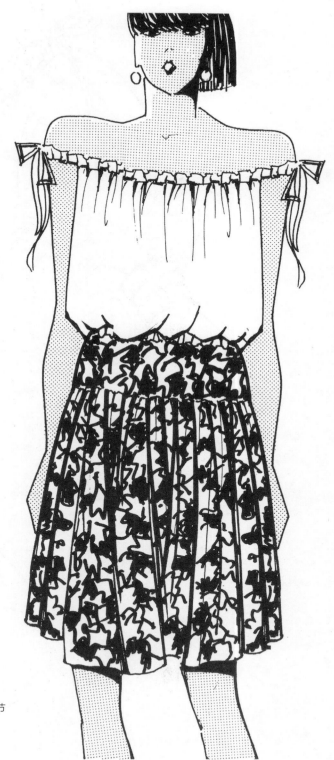

领口附近的抽绳细节

使用柔软布料，在领口、袖口、
育克等部位做出抽绳细节，搭
配绳边蝴蝶结和碎褶

肩部和腰带处的抽绳细节　　　　　　　　使用在背心袖和长裤侧边的抽绳细节

抽绳可以被用在领口、衣袖和腰线等部位

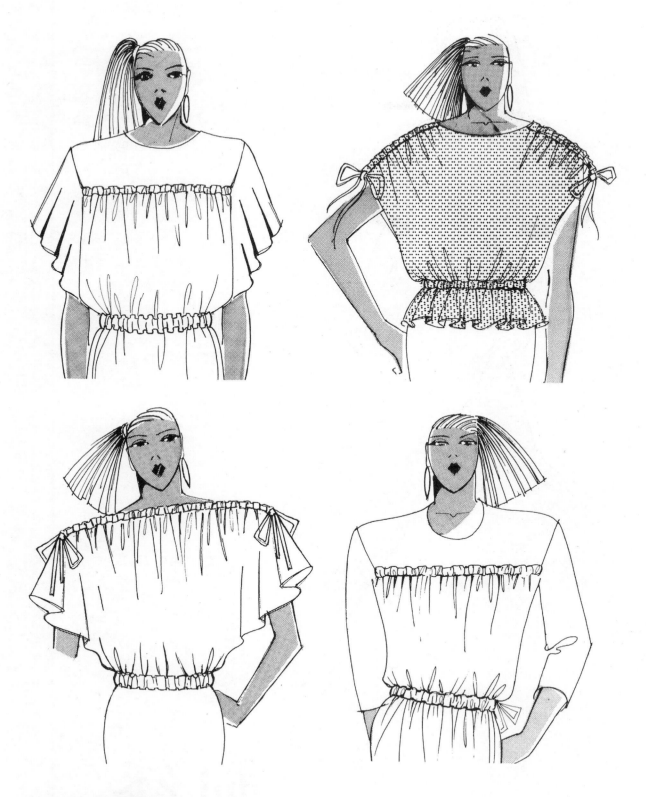

抽绳的设计能够为服装的领口、腰线、肩部以及胸衣部分带来趣味性

刺绣的形式多种多样，而且能够为设计带来样式繁多的装饰效果。为了打造出具有想象力的设计，通常要综合使用多种不同的工艺。本章的插图，展示了一些使用了珠绣、亮片、机绣以及手工刺绣等工艺设计出的服装样式。同时还展示了运用布料染色、印刷、装饰性缩褶、绗缝和贴花等工艺的设计效果。

晚装夹克上的机器刺绣和珠饰

刺绣

针法

针法可以细分为5种基础方法：打结绣、平绣、十字绣、套环绣以及组合绣。你可以自由选择。其中一些是全世界通用的方法，而其他一些则更具地方特色。通过使用各种针法技巧，能够用机器绣出许多不同的装饰效果。

亮片

亮片是由机器冲压纤维板或塑料制作而成的。它们被制成扁平或中间凹下去的形状来反射光线，在使用时通常根据希望达到的效果来进行排列。既可以将亮片分散地铺满布料的表面，也可以只在整套设计的某个重点区域使用。在一些设计中，会将整块布料用层层叠叠的亮片覆盖，以此来达到丰富的视觉效果。

使用了亮片作为装饰物的
晚礼服和夹克

珠饰

珠饰可以通过各种方式来制造出大面积的装饰效果。它们通常被用来丰富一款使用了单一布料的设计，或是在一块普通的布料上增加趣味性。

珠绣

珠绣时，需要用一种刺绣用的钩针将小珠子缝在绷紧的布料上面。

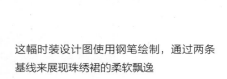

这幅时装设计图使用钢笔绘制，通过两条基线来展现珠绣裙的柔软飘逸

珠绣和抽纱刺绣作品

清秀的链纹和花边

珠绣

染色布料上的机绣

整个晚礼服的布料上缀满了
小珠饰，增加了趣味性

晚礼服领口和腰部的珠绣细节

夹克上的珠绣细节

就像本页展示的一样，很多时装都可以同时使用包括珠绣、贴花和其他工艺在内的多种技术

贴花

贴花是指将几块不同形状、大小的布料缝在另一块布料表面的工艺。这几块布料在颜色、图案和质地上可能各不相同。贴花工艺既可以使用机器来完成，也可以手工制作。

整套服装的设计和贴花的使用必须经过仔细的规划，在脑海中先想好在布料的什么位置来装饰贴花。另外，还需要从服装的整体角度来考虑贴花的颜色、大小、平衡和比例。设计可以大胆、简洁，比如经常出现在休闲装、沙滩装以及童装上的贴花。而内衣、日间服装和晚礼服则需要用到更加精致的贴花来装饰。

许多刺绣技术，比如绗缝、珠饰及机绣也会被用在贴花装饰上。使用材料可以是布料、毛毡、羽毛、网纱以及蕾丝。

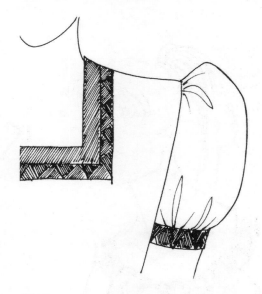

编织带

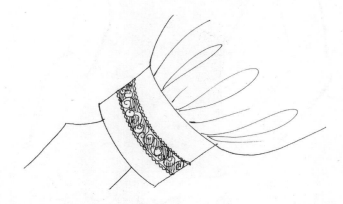

袖口的蕾丝带

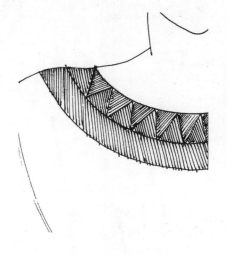

混搭编织领口

在育克和口袋上
使用贴花装饰

在胸衣和长裤侧边使用
贴花装饰

在贴袋和衣领部分使用
贴花装饰

在绕颈肩带上使用贴花
装饰

111

黑色喷绘连衣裙，使用细尖钢笔画出了编织装饰带的效果

编织装饰带

　　编织装饰带是一种装饰性的打结绣工艺，其中会用到两种基础打结手法——平结（活结）和半结，手法变化多样。这样的制作工艺能够做出细密、牢固的布料质感，通常都很耐用。其装饰效果则取决于所选择材料的颜色，也可以通过做出流苏和穗或添加珠饰来获得不同的装饰效果。

拼缝的一些示例，在这些图中，拼缝工艺被用
在了领口上、衣领上、袖口处以及裙身上

拼缝

　　不管你是在设计一款半身裙、一件夹克还是一条连衣裙，基
础剪裁方法都是一样的：简单地将几块几何形状的布料边对边拼
缝在一起，通过手工或使用机器在边线、衣领和袖口，或一整套
服装上做出吸引人的装饰效果。拼缝中使用到的布料应该具备相
同或相似的重量。如果布料质地相差太大，可能会破坏服装的整
体轮廓。在某个设计中引入拼缝工艺可能会制造出独特而有创意
的设计效果，这主要取决于所用到的技巧种类——拼接一块单独
的补丁，还是综合一系列拼缝和刺绣手法，比如羽毛针法、人字
纹绣、珊瑚绣和明线绣等。

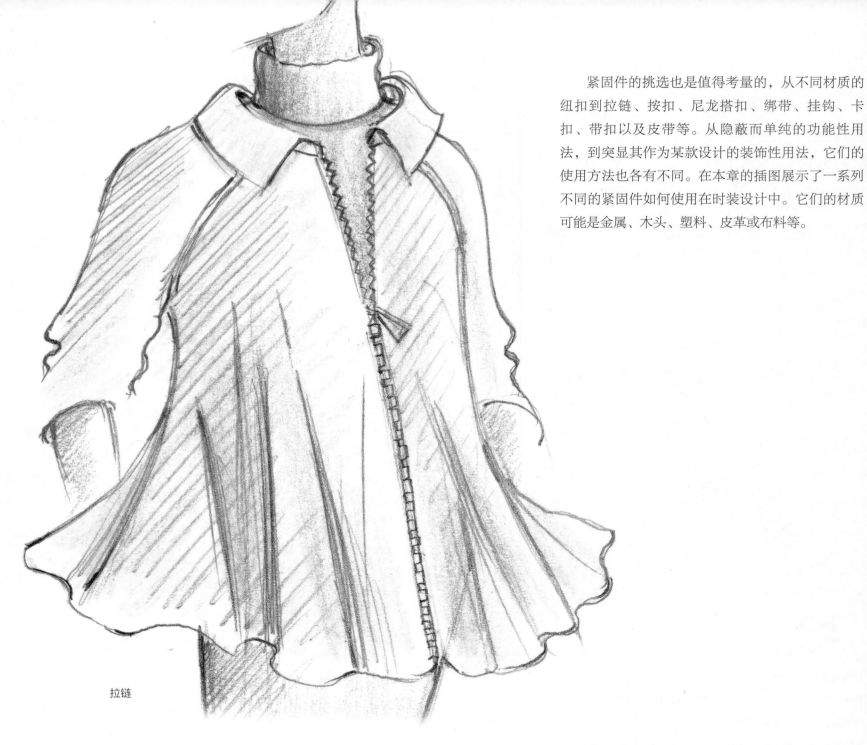

紧固件的挑选也是值得考量的，从不同材质的纽扣到拉链、按扣、尼龙搭扣、绑带、挂钩、卡扣、带扣以及皮带等。从隐蔽而单纯的功能性用法，到突显其作为某款设计的装饰性用法，它们的使用方法也各有不同。在本章的插图展示了一系列不同的紧固件如何使用在时装设计中。它们的材质可能是金属、木头、塑料、皮革或布料等。

拉链

紧固件

背带和袖口   蝴蝶结和纽扣   绊扣

按扣

按扣可以做成各种不同的尺寸。它们既可以用作装饰，又极具功能性。在运动装和工作服上使用按扣是十分有效的做法。这类按扣由金属制成，通常会被隐藏在布料下面。绑带和带扣可使用自黏合材料制成，也可以混搭木头、金属、塑料等材质。

饰带

饰带是通过孔眼拉出来的。饰带的厚度和孔眼大小有多种选择。依据服装设计的不同，饰带的系法也会不同。

拉链（参见"拉链"，第300页）

拉链在宽度和长度上有许多不同的选择。材质则通常是金属或者尼龙。可做出不同的滑动效果和颜色。

卷边紧固件

通过将布料打褶或卷起，做成环状或管状起到固定的作用（参见"纽扣圈"，下页）。

盘扣

可用绳索或穗带制成。

尼龙搭扣

尼龙搭扣由两块条状布料组合而成。其中一块上面缝有小钩子，而另一块上面则缝有细小的环圈。当两块布凑在一起时钩子会勾住环圈，于是能够起到非常牢固的固定作用，同时轻轻一拉便可将其打开。这类紧固件常被用在运动装和工作服上，既具有功能性又灵活方便，可以用在领口、袖口或口袋处。尼龙搭扣可做出很多种不同宽度。

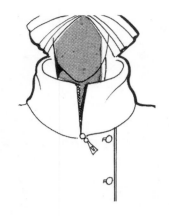

领口部位的拉链

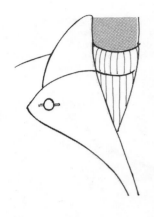

系扣西装的翻领

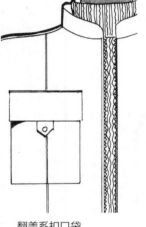

翻盖系扣口袋

带拉链的袖口

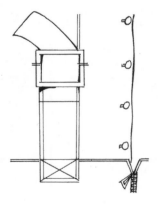

有带扣的背带

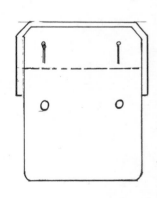

翻盖系扣贴袋

纽扣圈

纽扣圈可代替扣眼。纽扣圈通常会被缝在服装的边缘位置、衣襟开合处或需要使用盘扣的位置，盘扣的装饰性作用更强。纽扣圈是用卷成管状的布料自填或利用绳索捆扎而成的。纽扣圈的厚度依据用到的纽扣、布料材质及其所在位置而定。

各种纽扣都可以使用纽扣圈。最常用到的是球形纽扣，通常会将与服装用料相同的布料覆盖在纽扣表面。中式球形纽扣是用一段圆形布条制作而成的。

拉绳和套管

套管是用来安装拉绳或松紧带用的。套管的用法多样，在一款设计中也能够给人留下深刻印象，就好像在94页~101页的插图中所呈现的那样。这类紧固件既有装饰性效果又很实用。

蝴蝶结（参见"蝴蝶结"，第30页）

斜裁时，通过有角度的剪裁能够让蝴蝶结的褶皱变得更漂亮。蝴蝶结常用在连衣裙、衬衫的领口处，或位于腰线处取代腰带，纯粹作为装饰物或紧固件而存在。

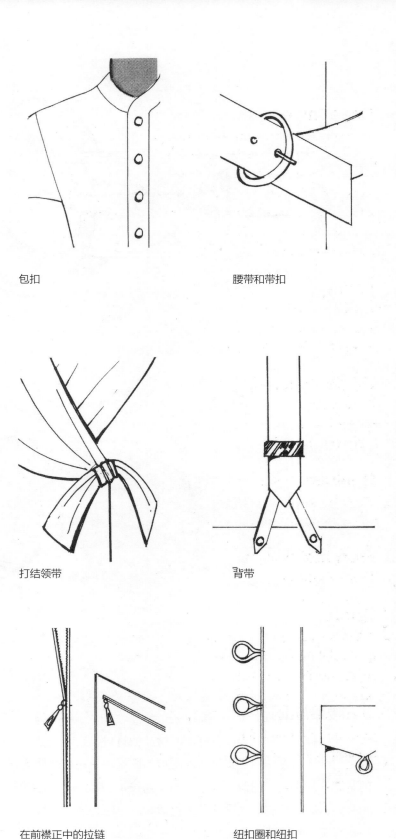

包扣　　　　　　　　　　腰带和带扣

打结领带　　　　　　　　背带

在前襟正中的拉链　　　　纽扣圈和纽扣

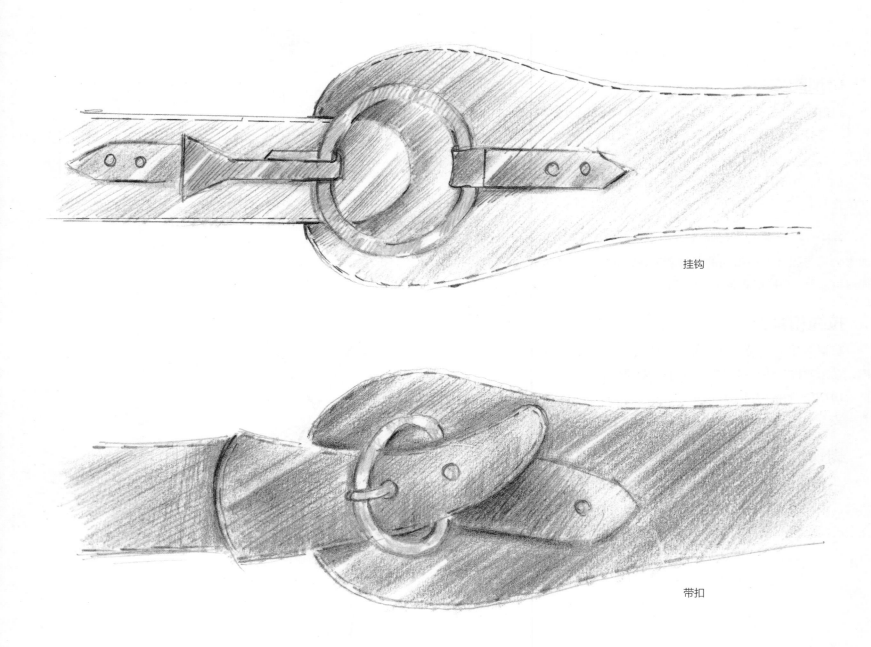

挂钩

带扣

腰带紧固件

　　制作腰带时可以选择各种不同材质的材料，它通常会被作为主要装饰物来使用，置于腰线附近的区域内。腰带会使用到的紧固件从带扣、挂钩、系带、饰带到按扣、绑结、尼龙搭扣和夹扣，应有尽有。在挑选所用材质和颜色时，通常需要考虑与整套服装的搭配效果。

系扣大衣搭配窄款皮革
带扣腰带

系扣大衣搭配宽款皮质
带扣腰带

系扣大衣搭配腰带

119

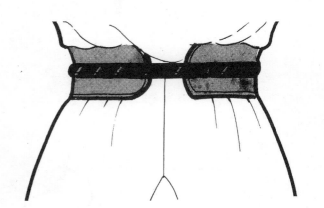

小山羊皮腰带

螺纹橡胶腰带

羊绒材质的柔软褶裥腰带

此处的插图使用了 3B 铅笔来绘制，并用 HB 铅笔来添加精致的缝线、腰带和领口细节

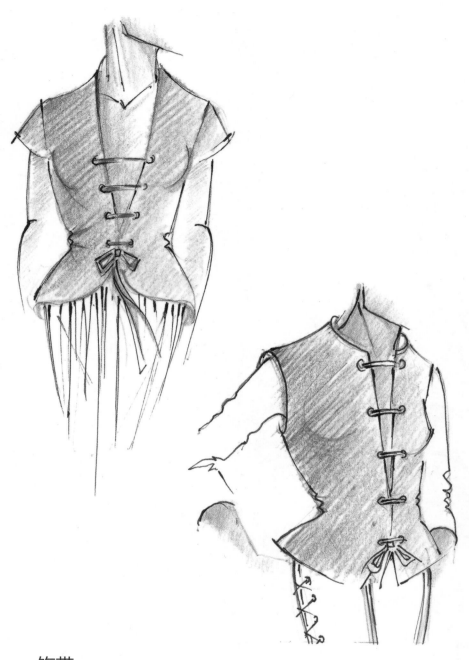

饰带

　　饰带是一种具备装饰性的紧固件，能够以多种不同的方式融入一款设计之中。饰带常常被用于休闲装，但用在晚礼服上同样令人印象深刻。饰带可以出现在服装的肩部、前襟、衣袖、袖口、腰带处，也可以用在长裤和半身裙上。孔眼位置或饰带位置及系绑方式的不同，所达到的效果都会不同。

饰带是一种万能的装饰物，可以用在许多
不同的设计之中

123

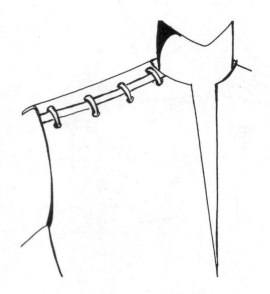

饰带可以完全用作装饰，比如插图中的肩部缝合线处的饰带细节

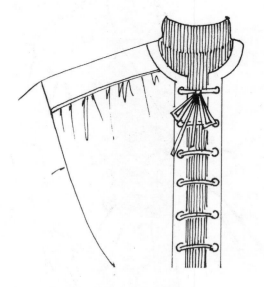

前襟饰带可以功能性与装饰性并重，如果除了饰带之外还有别的紧固件，则可以完全作为装饰物来使用

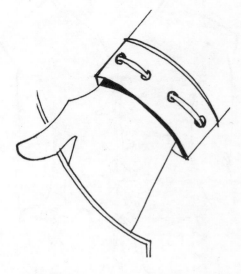

这款衣袖上的饰带与左图中的肩部饰带很好地结合在一起

肩部饰带和前襟上的饰带相
互呼应

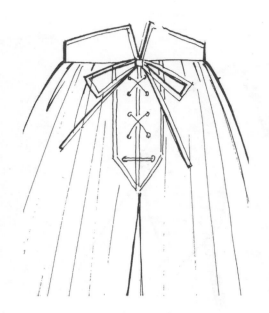

缝有功能性饰带的长裤

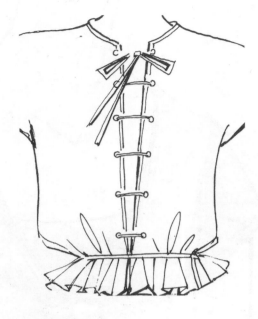

一款简单的前襟饰带

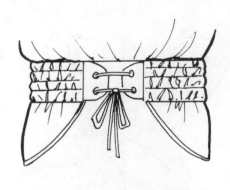

如图所示，腰带上的饰带很
和谐

前襟饰带还可以做出束腰的
效果

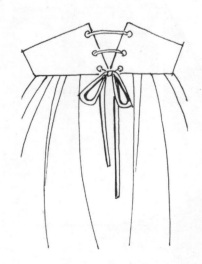

布料边缘未完全对接的饰带装饰

系带

　　系带在尺寸、剪裁方式和使用的材料上有许多不同的选择。样式可以是宽大的，也可以是细窄的；可以是柔软的垂坠效果，也可以是硬挺利落的造型。它既可以作为一个装饰物而存在，也可以起到紧固件的作用。系带可以被用在一款服装的不同部位。

用在领口和腰部的系带装饰

被用在肩部、颈部和臀部
的各式各样的系带装饰

领口部位用到了斜裁荷叶边作为装饰，衣
袖位置则做出了双层褶边的效果

由一条边带和褶边收拢的大泡泡袖

　　褶边或荷叶边可被添加在服装的边缘位置，也可用明线固
定在某一块图案上，让设计更加引人注目。某些特定布料十分
适用于制作这类装饰物——布料的纤维细度决定了荷叶边或褶
边的饱满程度，不过必须使用柔软度适中的布料来制作，这样
才能让荷叶边或褶边形成自然的垂坠感和褶皱。荷叶边是从圆
形布料上剪切下来的。它的下摆处完全展开，但与衣服相连的
那一侧要保持平滑的缝合线。

褶边

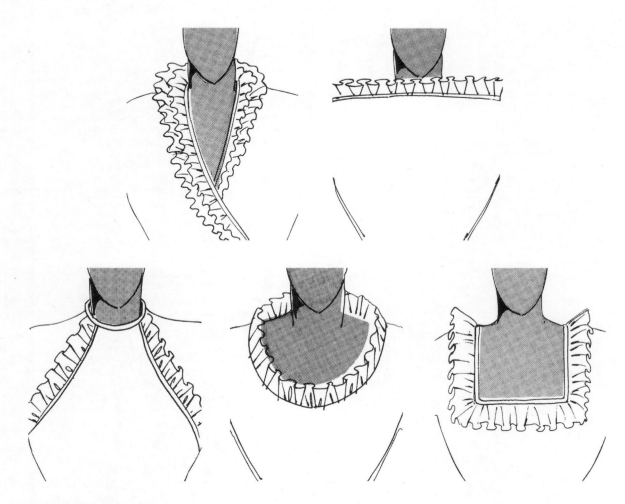

一些领口上的褶边，让
颈部成了焦点

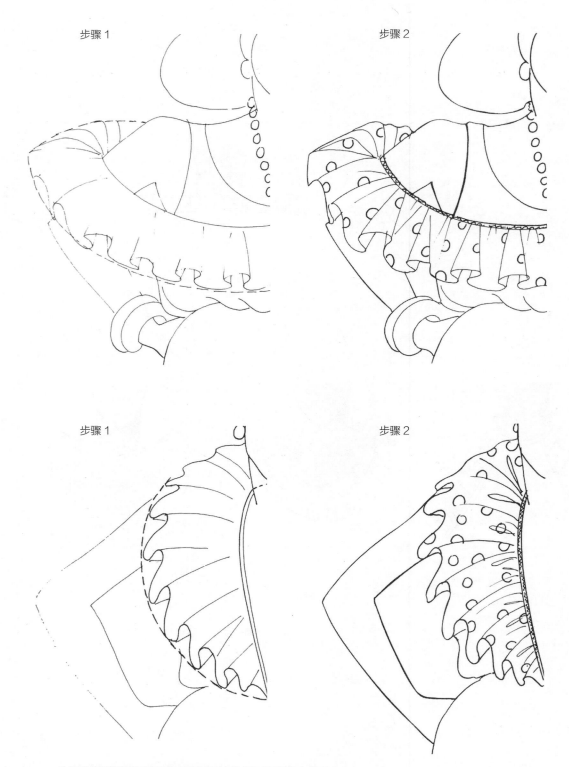

步骤 1　　　　　　　　　　　　步骤 2

步骤 1　　　　　　　　　　　　步骤 2

此处插图想要展示的是，如何用两个步骤画出胸衣上的宽大
褶边。请注意插图中使用了虚线来找准边线的平衡感，速写
的时候可以起到指导作用。

分层褶边

一些使用柔软布料
制作的褶边

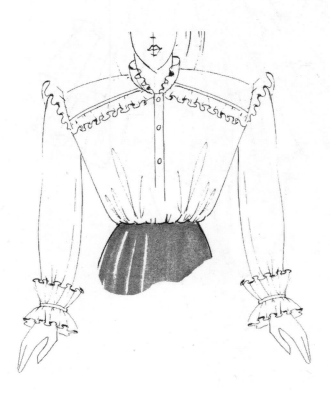

一些单层、双层褶边，用在了育克、衣领和袖口部位，所有款式均来自于过去的时装，用在这里作为设计参考图。

分层褶边的例子。请注意，在画图时如何让褶边与服装的边线融合在一起。在一幅速写图中，也许几个简单的线条就已经表现出你需要的全部信息，但必须要仔细考量这些线条，以达到正确的效果。

时装设计图中的分层褶边，垂坠且有着柔
和的褶皱。当你画出用来表现和强调柔软
布料褶皱的阴影效果时，不要去碰那些留
白区域。

围绕着育克的饱满褶边

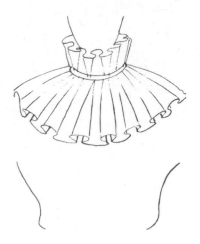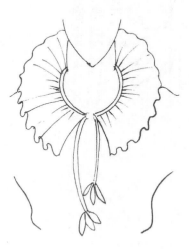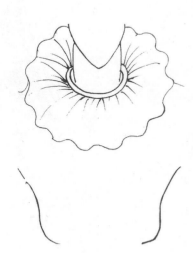

一些带有褶边或荷叶边衣领

深碎褶

下摆收拢的衬衫和腰封短裙的结
合打造出褶边效果

从腰线位置开始的碎褶

长分层褶边

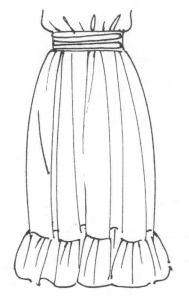

裙摆上褶皱较深的褶边

搭配褶边的裹身裙

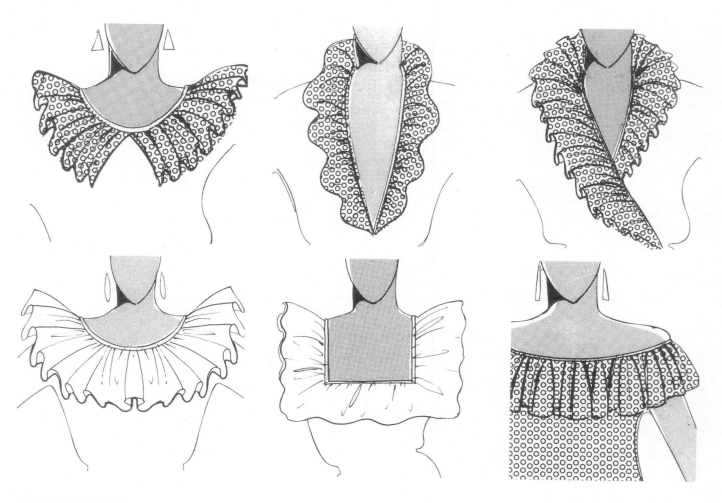

在领口使用褶边的例子
（参见第 136 页）

袖子和裙摆上的多层褶边足以成为一款设计的主要特点,这里的插图展示了使用褶边的简单技巧

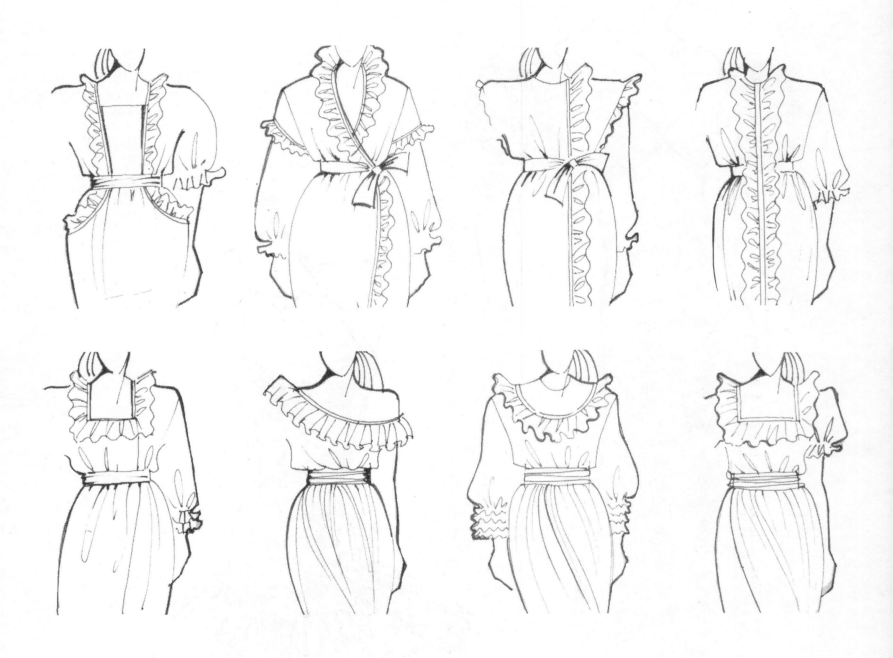

褶边通常被嵌入缝线处或服装的边缘处。在使用相同款式图的基础上开发时装创意时，允许在保持服装轮廓一致的同时，将创意进一步拓展。将设计图一排列开，有利于帮助你将相关的创意关联在一起，这是一种迅速又有效的工作方法，尤其是在开发设计创意的初期阶段。

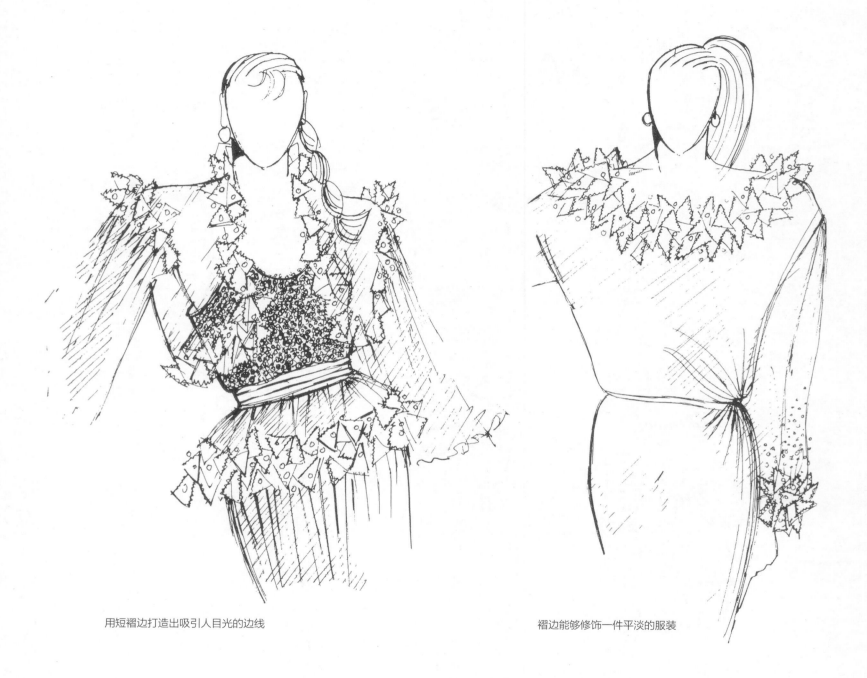

用短褶边打造出吸引人目光的边线　　　　　　　　　　　褶边能够修饰一件平淡的服装

褶边袖口

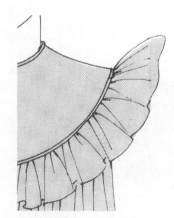

育克边缘完整的褶皱

你可以使用褶边来强调服装的某个区
域，比如育克

领口和育克的小褶边

一些珠饰流苏

流苏是服装设计中一种很有效的装饰细节，总共分为四种：嵌入缝线处的流苏、将布料拆散形成的流苏、打结流苏，以及用珠饰做成华丽效果的流苏。流苏的使用部位并无局限，可以用在服装的缝合处，也可以用在衣领、口袋、衣袖和裙身上。

流苏

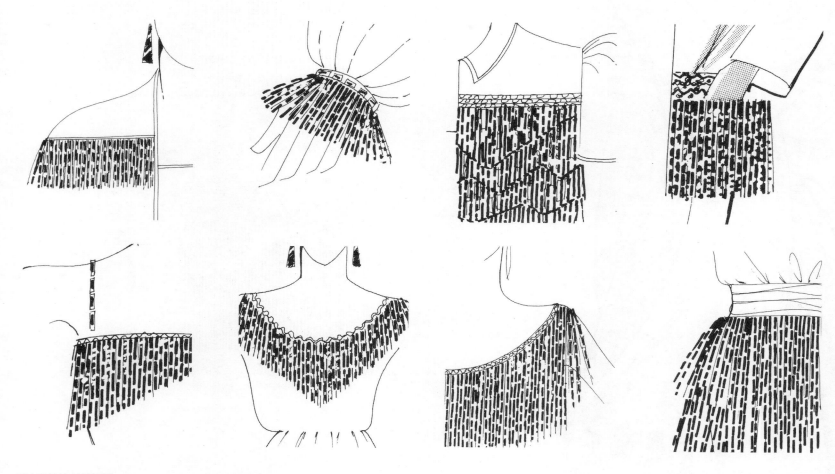

更多珠饰流苏的例子

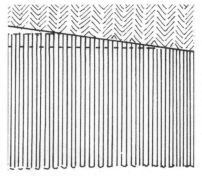

嵌入缝合处的流苏

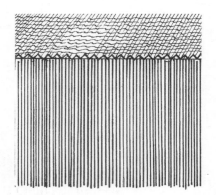

拆散编织布料形成的流苏，为了防止布料进一步开线，使用了人字线来锁边

嵌入裙子缝合处的流苏以及围巾边缘的打结流苏

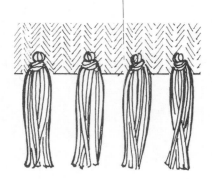

编织布料边缘处的打结流苏，在线之间为打结留出了专门的孔洞

关于流苏使用位置的创意示例

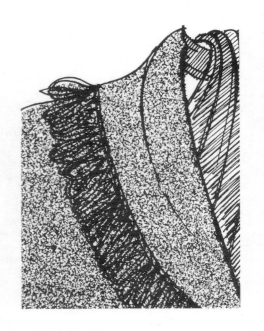 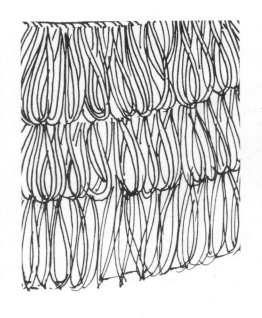 

有很多种办法可以制作流苏，也存在真流苏或假流苏。在有光泽的布料之上增添丝绸质地的流苏，或用不同方法添加几排羊毛流苏来强调花呢布料的微妙色彩。流苏可以用不同材质的布料来制作，在排列上一般会排成4排或更多。如图所示，可以用布圈耳、珠饰、布料本身形成的流苏和打结流苏在领口、袖子、边线和裙摆边缘来打造不同的效果。

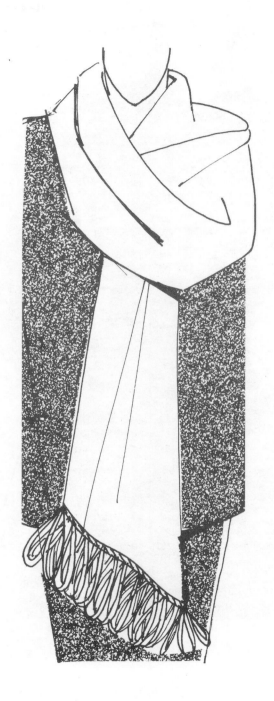

更多将布圈耳嵌入缝合处形成的流苏

嵌入缝合处的皮革流苏

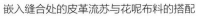
嵌入缝合处的皮革流苏与花呢布料的搭配

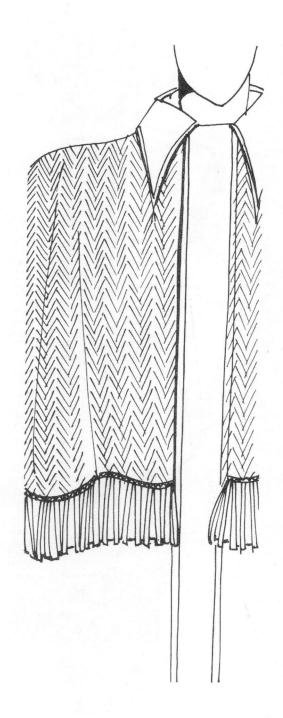

将布料边缘拆散形成的流苏

更多将布料边缘拆散形成流苏的设计

碎褶

此处的插图使用了光滑的白色绘图纸绘制，
人像和裙子部分使用铅笔绘制并用得韵彩
色铅笔来涂色

　　在时装设计中，有许多种方法可以将碎褶运用于一套服装之上，
比如用在衣服的育克、袖子上，或者裙身及其边线上。碎褶也常常被
用在口袋、袖口或装饰腰封上。碎褶通常会使布料的宽度缩减到原始
宽度的一半或三分之一。根据设计使用的面料不同，碎褶的效果也会
有所不同，从针织、丝绸或羊绒柔软、垂坠的褶皱，到锦缎、塔夫绸
或棉布的饱满碎褶。其中，顺着布料经线制作的碎褶垂坠度最好。

丝光棉布料之上的碎褶，为裙摆边缘、装饰腰封和
腰线处增添了蓬松、波浪般的效果

此处为速写本中的参考图。使用一个速写本来保存速写图和关于时装创意的笔记，是很有助益的做法，这些创意也许在今后能够用得上。

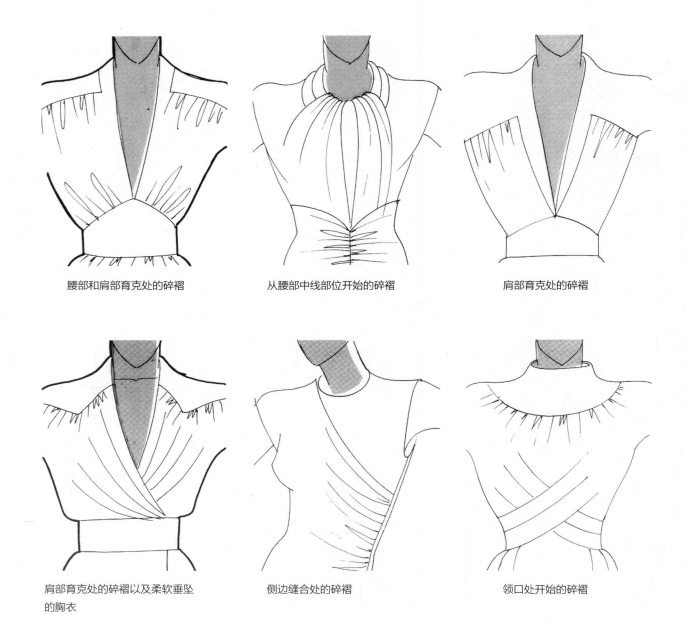

腰部和肩部育克处的碎褶　　　　从腰部中线部位开始的碎褶　　　　肩部育克处的碎褶

肩部育克处的碎褶以及柔软垂坠　　　侧边缝合处的碎褶　　　　　　领口处开始的碎褶
的胸衣

20 世纪 20 年代

将 20 世纪 20 年代的连衣裙做些调整，增添些许现代设计元素。这件 1929 年的丝绒晚礼服有着不对称的 V 形领口，延伸至臀线处的胸衣，在左侧的缝合处加了些褶皱效果，凸显从臀线位置嵌入的布料。

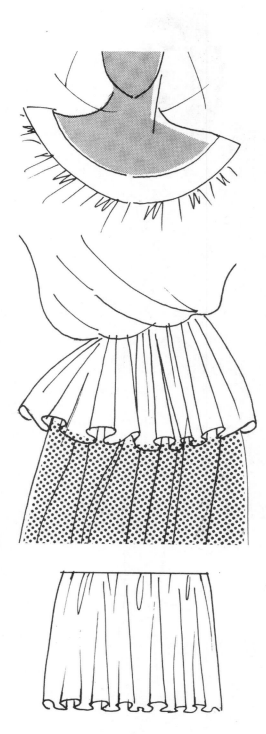

请注意这里各式各样的布料边缘线条，从棉布质地饱满、立体的褶皱到丝绸和针织面料的柔和褶皱

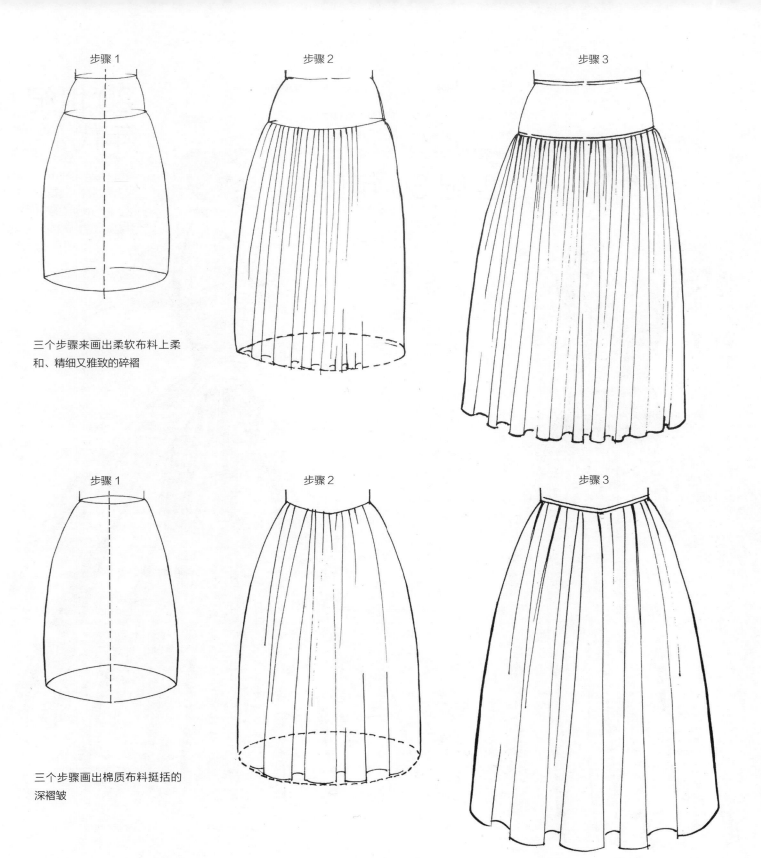

步骤 1　　　　　　　　　步骤 2　　　　　　　　　步骤 3

三个步骤来画出柔软布料上柔
和、精细又雅致的碎褶

步骤 1　　　　　　　　　步骤 2　　　　　　　　　步骤 3

三个步骤画出棉质布料挺括的
深褶皱

1939 年的晚礼服。桃心形状的领口和短泡泡袖，外层是带有鲸骨支撑的紧身胸衣。拖地长裙在臀部扇贝形缝合处形成碎褶。

20 世纪 30 年代

20 世纪 50 年代

灵感来源于 20 世纪 50 年代的晚礼服。褶裥修身胸衣搭配宽肩带形成的褶裥袖。拖地长裙在腰部位置形成碎褶，并配有飘逸的侧裙摆。

研究一下，将一条裙子挂起来或穿在模特身上时，布料会呈现怎样的垂坠效果。这样做有助于你画图和拓展创意。

展现 20 世纪 40 年代和 50 年代特点的设计。请注意丝绸形成的碎褶及
柔和褶皱，还有肩部和腰部育克处的碎褶。

此处的展示图使用了白色的细料纸板，并用柔软的铅笔和细尖绘图钢笔来表现缝合处和碎褶的细节部分。

这里的创意设计图主要展示的是缝合处的碎褶在衬衫上的运用。这种画法——省略人像头脚——通常用于开发设计创意的阶段，是一种快速而又有效率的工作方法。

创意速写

20 世纪 40 年代

设计灵感来源于 1944 年的连衣裙

缝褶和蕾丝

服装下摆边缘的设计有很多不同形式，从相当简洁的边线到结合褶皱、缩褶、碎褶、流苏、珠饰等修饰底边。底边的乐趣可以体现在裙摆边缘、衣袖或领口的边线上。边线的轮廓既可以十分饱满，也可以是细窄、平淡的直线条。褶裥或经过造型的边线通常用于晚礼服。晚礼服裙摆边缘通常会经过加装穗带，做出缩褶、褶边或荷叶边的处理。

若想强调裙身轮廓及其饱满程度，衬裙是一个很重要的配件，如果想要使裙子看起来层次丰富，可以将衬裙做出褶裥并在裙身下露出。衬裙的裙摆边缘通常会加上多重装饰效果，包括使用细褶、缩褶、饰边、褶边和荷叶边的工艺等。

裙摆

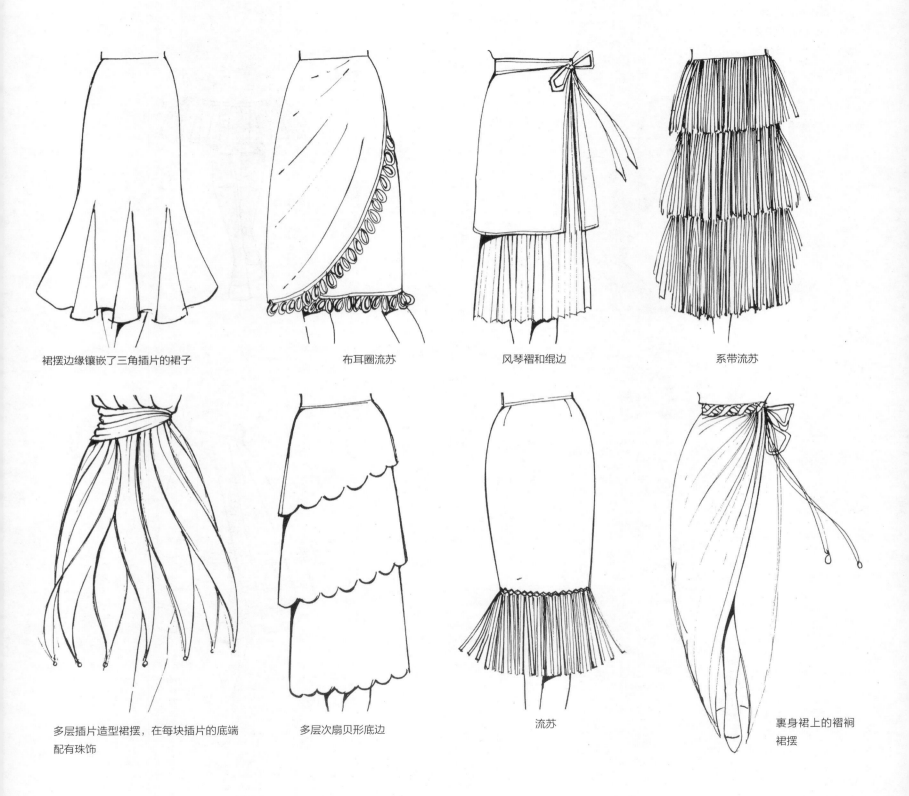

裙摆边缘镶嵌了三角插片的裙子　　　布耳圈流苏　　　风琴褶和绲边　　　系带流苏

多层插片造型裙摆，在每块插片的底端
配有珠饰　　　多层次扇贝形底边　　　流苏　　　裹身裙上的褶裥
裙摆

此处是一幅泡泡裙的展示图，在白色绘图纸上使用 2B 铅笔绘制。色彩部分使用了得韵彩色铅笔，皮肤部分则用理查斯特马克笔来呈现。

飞边

缝褶与蕾丝

多层扇贝形裙摆

多层裙摆

碎褶裙摆

171

不对称斜裁裙子   三段式碎褶裙

泡泡裙

三层式斜裁裙

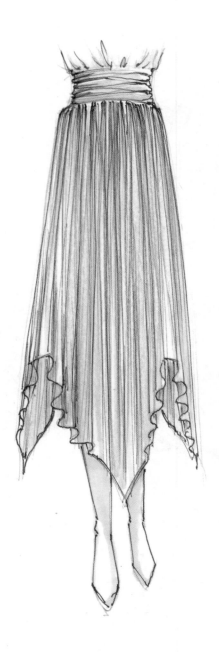

在裙摆镶嵌三角形布片以增加裙摆
的律动感

在腰部形成柔和碎褶及不规则的裙摆

在腰部形成碎褶的褶裥裙，前开式
不规则的裙摆

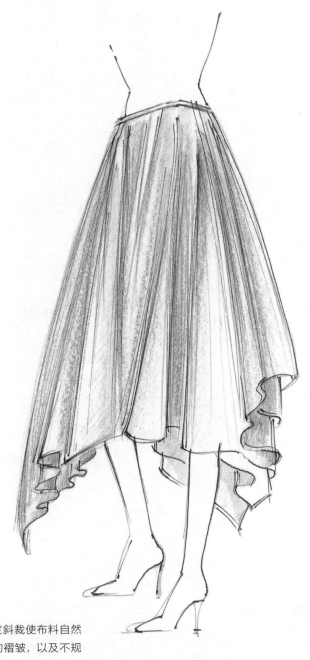

裙身饱满，通过斜裁使布料自然
下垂形成柔和的褶皱，以及不规
则的裙摆

腰部碎褶，自然下垂形成柔和褶
皱，以及不规则的裙摆

碎褶和绲边

镶嵌蕾丝

饱满碎褶及荷叶边

多层褶边

扇贝形裙摆边缘和碎褶

隐形缝褶

镶嵌蕾丝和扇贝形缩褶

饱满的褶边

177

　　将有别于服装用料的其他材料缝在服装的不同部位来达到这种镶嵌效果。差别可能会体现在布料不同的颜色、图案或质地上。镶嵌的部分有编织、皮革、小山羊皮或蕾丝质地，也有材质相同但图案不同的情况。镶嵌的工艺可用于许多服装种类，比如日间穿着、休闲服，晚礼服，甚至女性贴身穿着的内衣也可以使用。

镶嵌

此处的设计图是在光滑的白色绘图纸上绘制
的。色彩部分使用了得韵彩色铅笔绘制完成，
细节处则用施德楼彩色勾勒笔绘制。

将皮革和花呢组合使用的嵌片

嵌入布料作为装饰

镶嵌布料来强调设计
的线条

在腰封位置镶嵌布料
形成的混搭

在袖子和领口部位镶
嵌布料

口袋上镶嵌的条状布料

混搭布料镶嵌

小山羊皮镶嵌

皮革镶嵌搭配编织材质

袖口上的混搭布料镶嵌

袖子上镶嵌了小山羊
皮，混搭花呢

夹克背部的镶嵌装饰

领口和袖子上的镶嵌
装饰

使用不同布料在口袋上做出有造
型的镶嵌装饰

一些在衬衫、连衣裙、半身裙和腰封上的混搭布料镶嵌的装饰。这些速写图会在下一个步骤中得到进一步完善，用于展示。

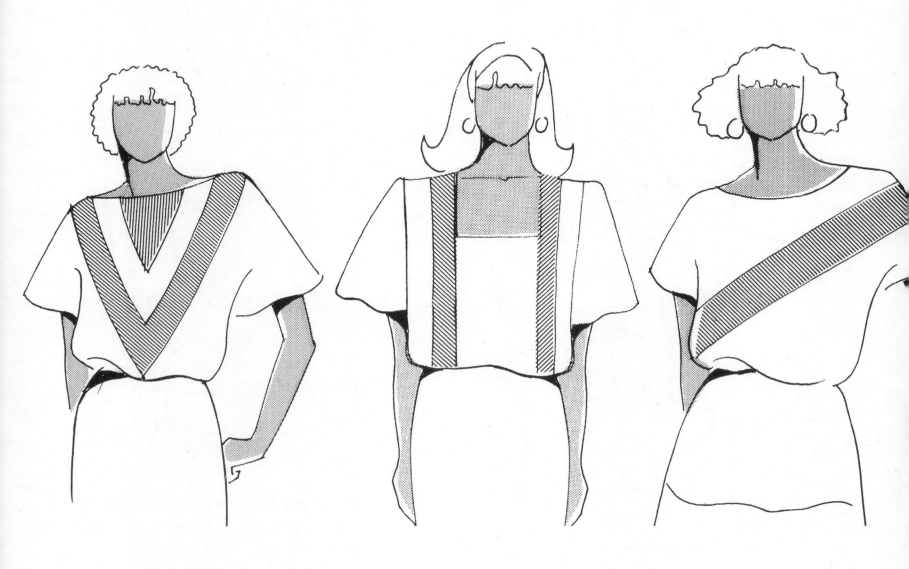

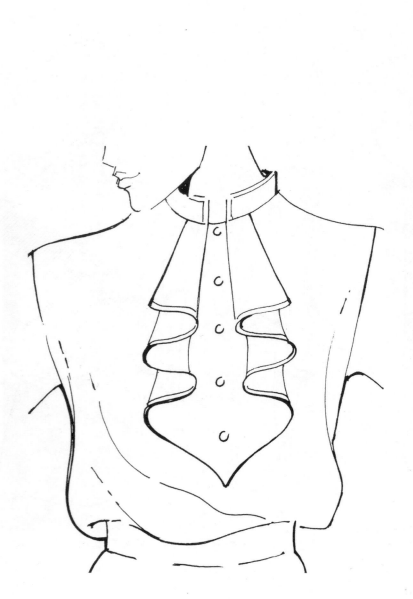

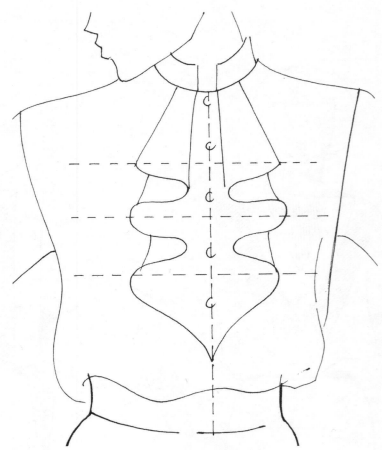

绉边是一种褶边或蓬松的褶皱，出现于胸衣前襟或固定在颈部，可以使用添加了花边修饰过的布料，或使用蕾丝来制作，方法很多。

绉边

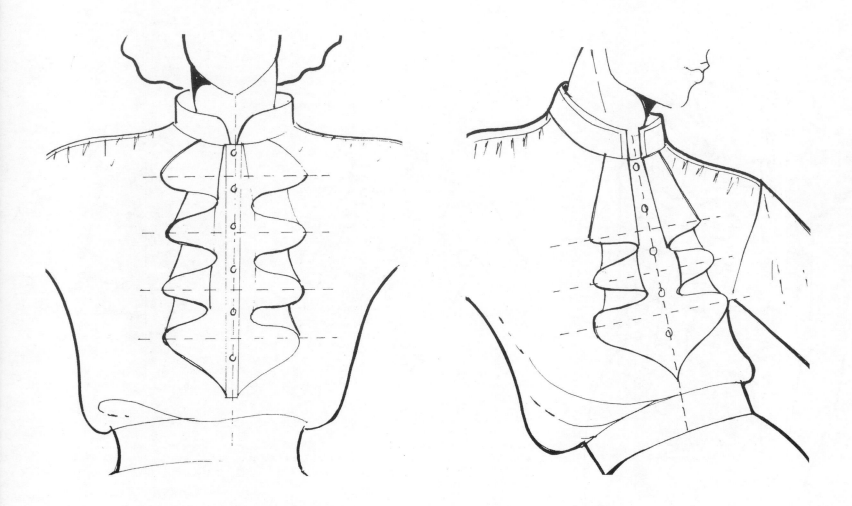

请注意在速写时将虚
线作为辅助线

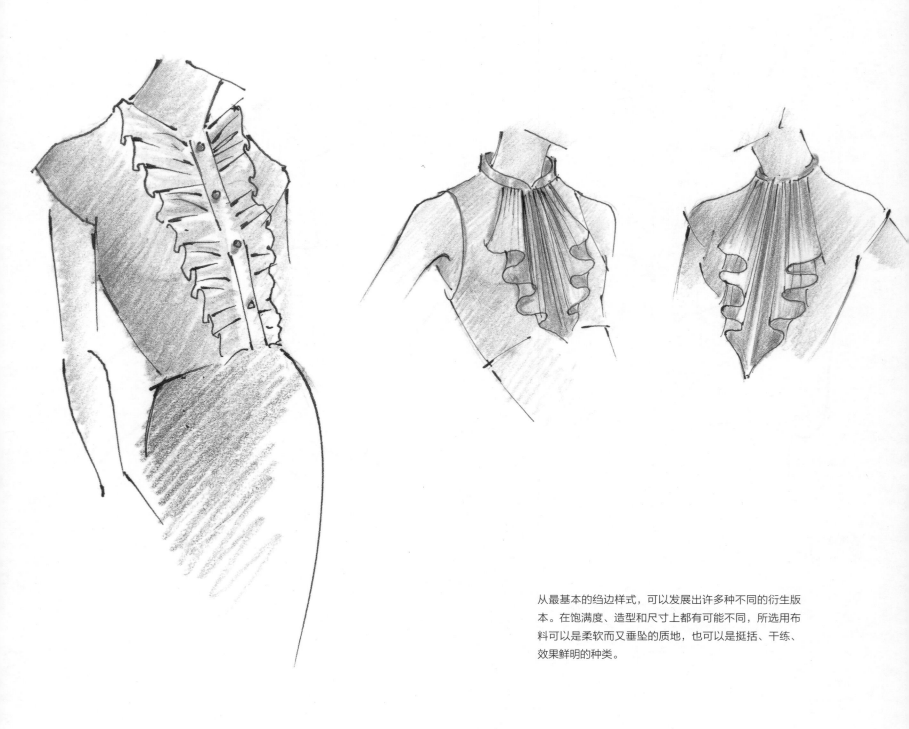

从最基本的绉边样式，可以发展出许多种不同的衍生版本。在饱满度、造型和尺寸上都有可能不同，所选用布料可以是柔软而又垂坠的质地，也可以是挺括、干练、效果鲜明的种类。

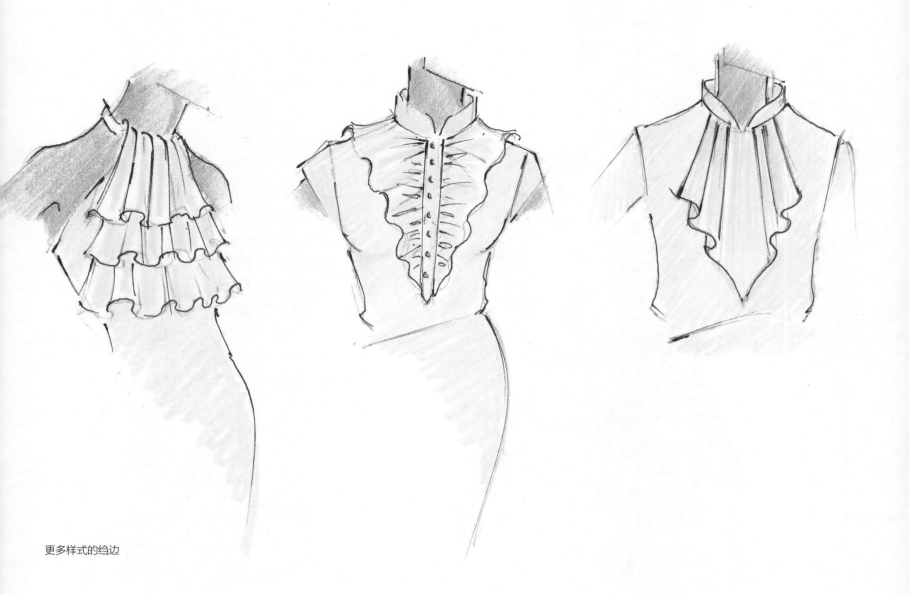

更多样式的绉边

各种不同颜色的纱线，或混搭色纱线组合在一起能够得到许多特别的材质效果，并作为设计的一部分而存在。编织育克和衣领，或镶嵌一块编织品在服装上，都能为服装增加趣味。编织品与多种布料，比如灯芯绒、花呢和羊绒，甚至是精致的纱或轻量布料组合在一起制成晚礼服，效果都会十分吸引人。编织饰品，比如帽子、围巾、手套，都可以帮助一款设计成为更加完整的时尚造型。

编织

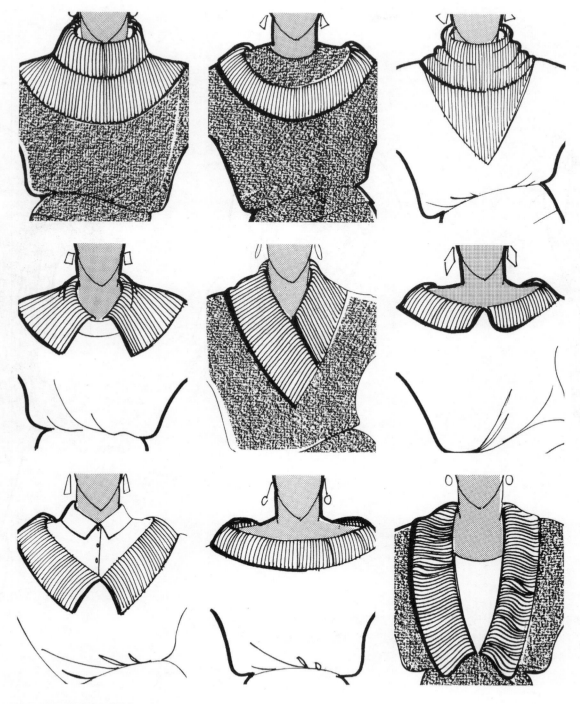

一些编织罗纹衣领混搭其
他材质的布料

这里是一些使用细尖绘图钢笔随意画出来的时装设计速写图。粗略画出了模特的姿势，并忽略了胳膊、手部和脸部的细节。设计的细节诸如衣领、腰带和袖子等都用细尖钢笔绘制，再大概画出罗纹或编织的图案即可。色彩部分则使用得韵彩色铅笔来明确色调和材质感。

此处是一些使用黑色施德楼三角舒写细字笔在有细纹路的绘图纸上画出的展示图，颜色和质感都通过彩色铅笔来呈现。通常在展示图中，要呈现更多的细节部分，并让焦点汇聚在完整的设计以及所佩戴的饰品上。

速写本上的研究示例，在此展示一些使用了纱线编织的设计。这些设计被收集在同一本速写本中，方便用来观察编织品的图案和材质设计。请注意所使用的混搭布料以及编织图案和色彩，包括衣领和袖子处的细节。这些图均先用绘图笔绘制之后，再用水彩刷来完成色调效果。

褶裥肩袖

绳边肩带

领口

不对称肩带

垂褶领

就领口来讲，可以做出多种不同的造型，不管是衣领本身还是添加的装饰物都可以有很多选择。这一章及全书中的插图，涵盖了很多种领口的风格和成品样式。

　　速写本参考资料展示了一些领口的速写图。认真研究这些来自不同时期的造型、装饰和衣领设计——这些实用的资料可以让你在设计过程中有所参考。

珠饰立领　　　　　　　装饰穗带　　　　　　　碎褶褶边

斜裁垂褶领　　　　　　多层荷叶边和碎褶　　　　垂褶领

流苏　　　　　　　　　绳边和碎褶　　　　　　　珠饰流苏

碎褶褶边　　　　　　　碎褶褶边　　　　　　　　水晶褶

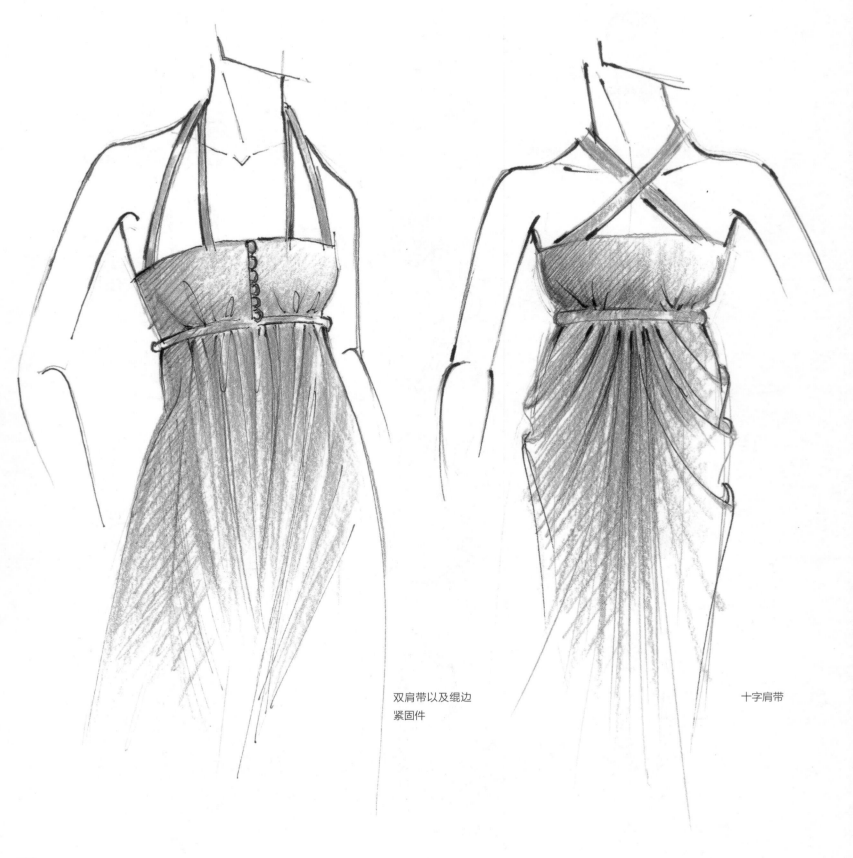

双肩带以及绲边
紧固件

十字肩带

大翻领

露肩领

圆形褶裥领口

结合育克设计的领口，
强调布料的混搭

一些无领领口，展示了一
些可供选择的样式

填充

此处的手绘图使用了柔软的 2B 铅笔在光
滑的卡片纸上绘制完成。色彩使用得韵彩
色铅笔大略画出，细节部分则使用细尖 HB
铅笔来着重表现。

　　填充所使用到的技术取决于设计对填充效果的要
求。最基础的填充方法是将三层用料缝在一起，并在服
装表面形成直线或圆圈状的形状。另外，还有其他如下
方法：

凸纹绗缝：一种用于填充某个区域的装饰性做法。

绳索绗缝：绳索直接被缝在布料表面来形成图案。

立体浮雕绗缝：这是一种结合填充物的凸纹绗缝方
法，既可以单独使用，也可以与填充材料及绳索绗缝相
结合。

服装上的填充效果案例，用到了不同造型和比例的填充样式。服装上其他不适
用做填充的部分可以使用对比色或混搭布料来作为装饰。

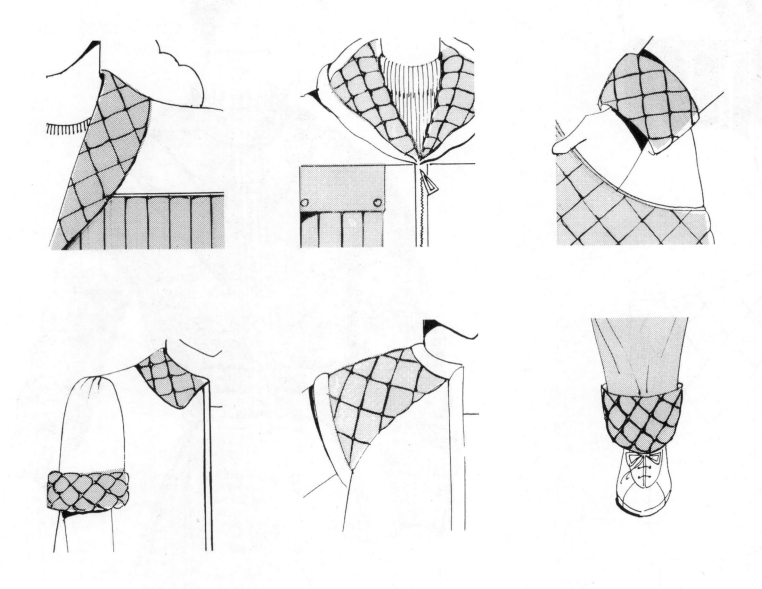

此处的插图展示了在衣服不同部
位使用绗缝工艺的效果

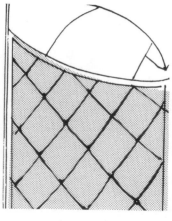

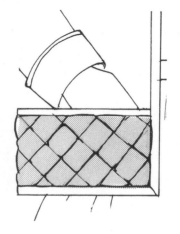

填充效果的口袋

这些轮廓饱满、大胆的设计是通过将两层或更多层材料缝在一起实现的。这类填充技术通常会与使用不同布料或材质形成对比的手法相结合（如图所示）。此处的时装设计图，是白色绘图纸的速写本中的一幅图，这本速写本收集了许多创意，都是关于填充，以及不同材质和颜色布料的使用方法。图中布料的材质效果使用了蜡笔来表现，细节部分则使用黑色绘图钢笔绘制完成。

缝在育克部位的活褶和
使用在裙身上的刀口褶

未熨褶裥

活褶有四个基础类型：刀口褶、风琴褶、复褶和内工字褶。这些都是通过给布料打褶得到的，需要准备足够宽的布料在特定的位置做出褶裥效果。

活褶为服装带来动感，通常会以不同的形式出现在裙子、胸衣和袖子上。还可以作为时装的设计细节出现在口袋、育克和侧片上。活褶可以从两端固定，也可以只将其中一端缝在服装的某个位置。

未熨褶裥就是将其中一端固定，且并不将其缝住或熨平。效果取决于所使用的布料材质，轻盈的布料、羊绒或花呢分别会带来不同的效果。

活褶

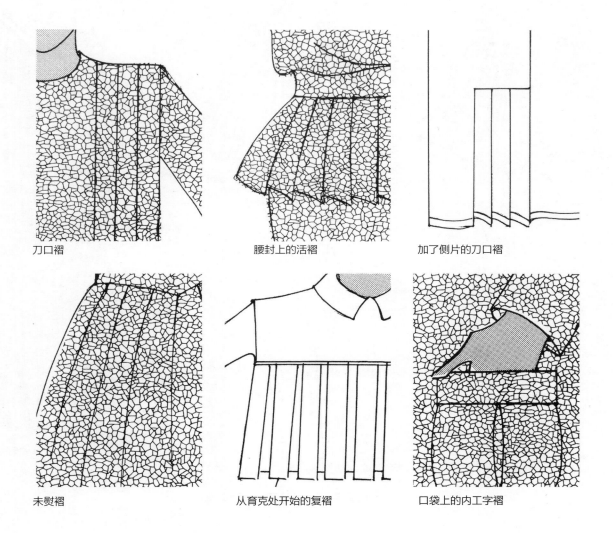

刀口褶　　　　　　　　腰封上的活褶　　　　　加了侧片的刀口褶

未熨褶　　　　　　　　从育克处开始的复褶　　口袋上的内工字褶

侧片上的风琴褶

风琴褶半身裙，从育克处开始的活褶

拖地长裙，从裙身最上面
开始的活褶

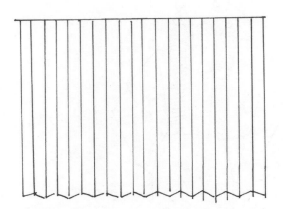

风琴褶多用于裙身、袖子、衣领和胸衣上。使用打褶机将布料做出褶皱。褶皱的深度取决于设计所需效果以及所用布料的重量。

用于衣领、衣袖和裙身的风琴褶

用简单的人像来开发风琴褶的创意。头部只简单画了几笔，用以配合人像的比例。在画领口和衣领的速写图时，这么做是必需的。

更多关于风琴褶的创意

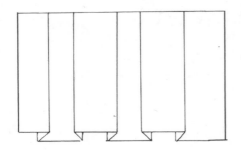

在裙身、胸衣上使用复褶，或将它用在口袋上作为设计的细节。这种活褶中包含了两个相对应的刀口褶。

两款使用了复褶的裙子，一款是
经典款连衣裙，另一款是摩登迷
你裙

裙身上的插片和复褶

更多将插片和复褶使用在裙身上的例子

217

刀口褶

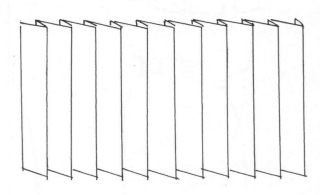

刀口褶是一种简单的褶皱，它是将布料朝向同一个方向折叠并施压形成的。这类褶皱可以被用于不同的设计中，可以是裙身上的循环褶皱，也可以以几个或单个褶皱的形式出现。

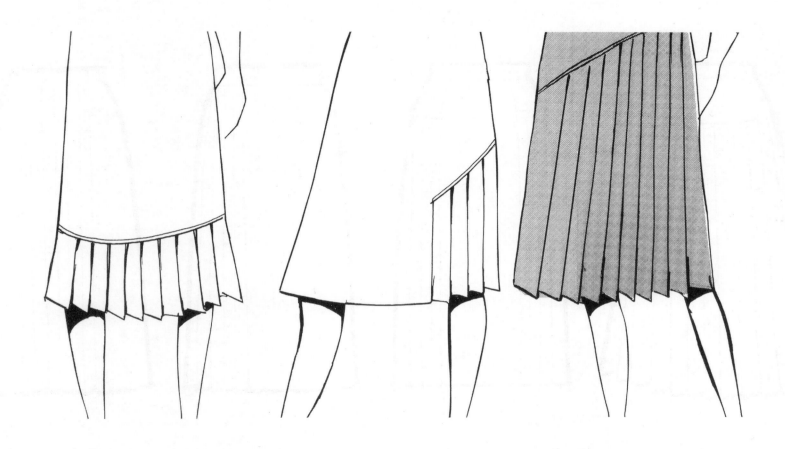

用于裙身侧片的刀口褶

裙身上的刀口褶，一些不同的处
理方式

活褶被用于肩部，以及作为腰带的组成部分

缝在肩部育克附近的活褶

裙子的褶裥被镶在侧片上

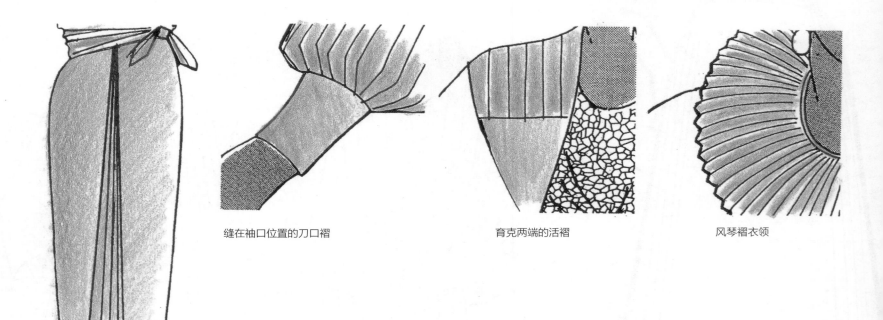

裙身正中插片上的活褶

缝在袖口位置的刀口褶

育克两端的活褶

风琴褶衣领

活褶的两端被固定并顺着它的
长度缝在了上衣上

被固定住的刀口褶

肩部及臀部育克位置垂下的活褶并
顺着其长度缝合

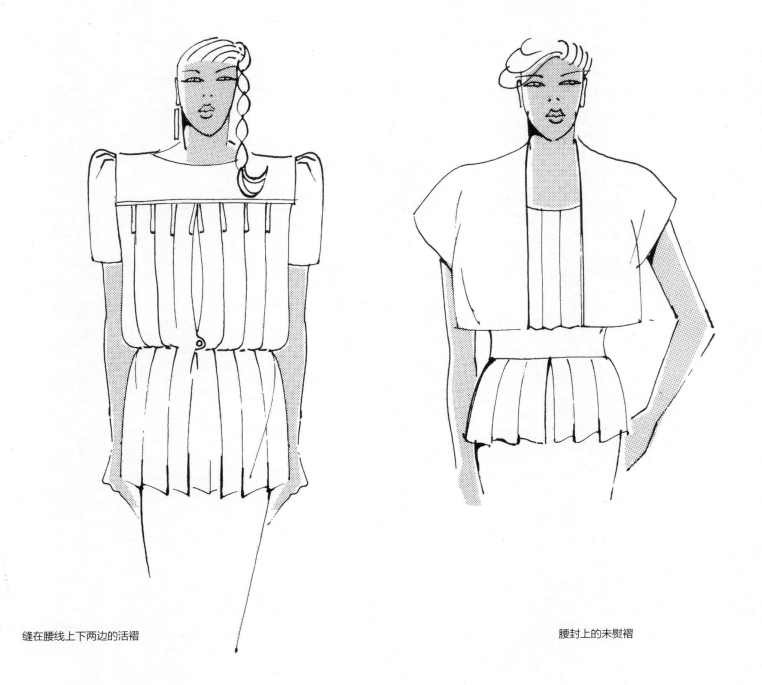

缝在腰线上下两边的活褶　　　　　　　　　　　　　　　　腰封上的未熨褶

请注意图中的光影效果，这些是使用了极细
尖的勾线笔画出轻薄面料上装饰的水晶活褶。
脸部、胳膊和腿部的皮肤使用水彩刷来上色。

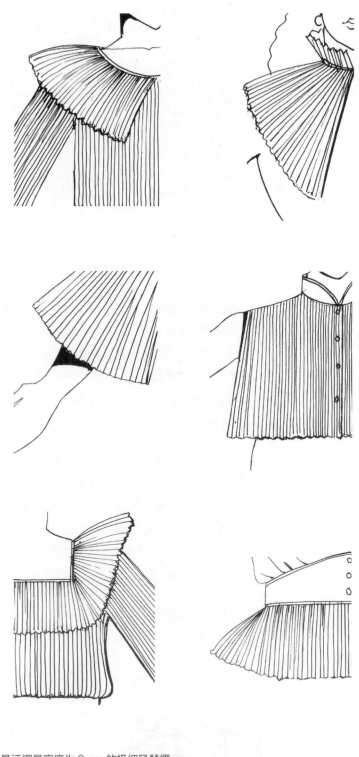

水晶活褶是宽度为 3mm 的极细风琴褶

贴袋

口袋的制作方法各有不同，既可以事先裁剪好形状之后整个缝在衣服上，像明袋和贴袋都是这样；也可以隐藏在服装内部与服装融为一体。不管是哪种口袋，都可以作为设计中的一种装饰而存在，使用活褶、翻盖、纽扣、碎褶、饰边或缝线来吸引人的目光。

与服装融为一体的口袋也可以嵌缝在缝合线处，好比牛仔裤上的裤兜那样，或在开口处加缝一块布料。这类开口可以做成圆形的，并附带一个贴边袋，就好像开口下缘处的宽镶边，也可以在开口上缘处加一个翻盖。参见第241页的插图。

口袋

贴袋   内嵌袋   前裤袋   带贴边的切缝口袋

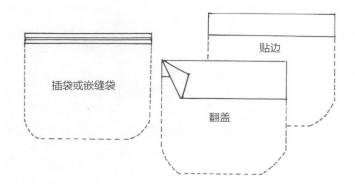

插袋或嵌缝袋

贴边

翻盖

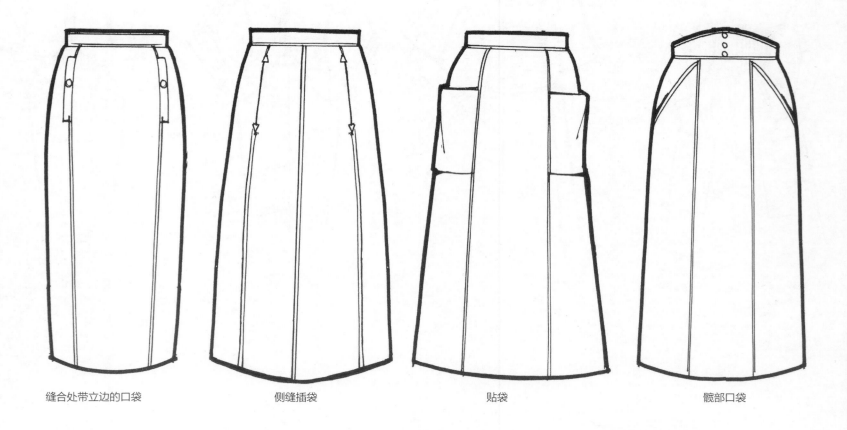

缝合处带立边的口袋   侧缝插袋   贴袋   髋部口袋

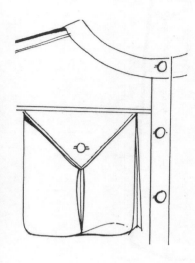

带有纽扣翻盖和缩褶的贴袋

有活褶和翻盖的大口袋

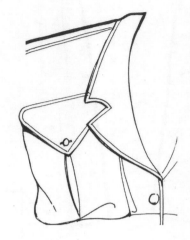

带有镶嵌活褶的贴袋

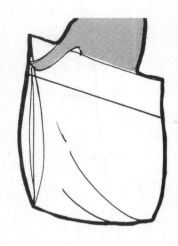

贴袋

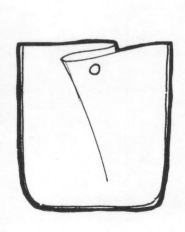

有褶皱和纽扣细节的贴袋

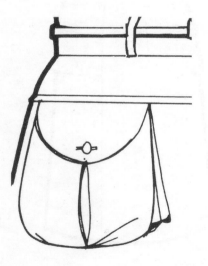

带有系扣翻盖和镶嵌活褶的贴袋

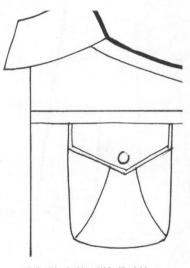

明线系扣翻盖，增加趣味性

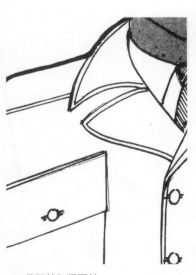

口袋翻盖和紧固件

一些贴袋设计，区别在于口袋的翻盖、活褶及其在裙身上的位置

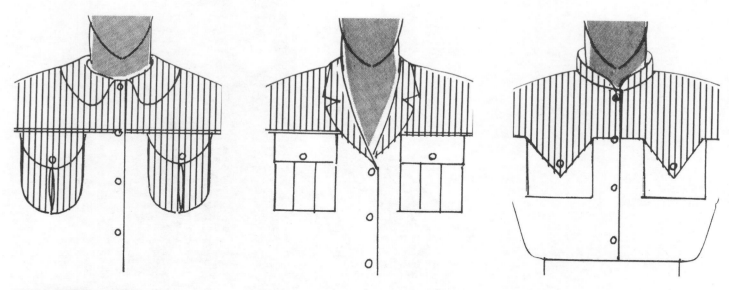

系扣翻盖贴袋使用了混搭布
料并与育克相结合

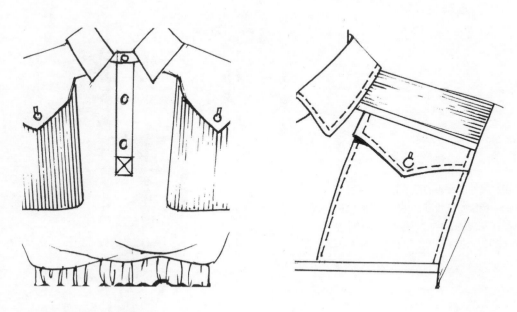

更多育克与口袋的结合示例

一款军装风格的大衣的展示图。使用质地细腻的白色绘图纸绘制，并用得韵彩色铅笔画出了花呢的人字纹，再用削尖的 HB 铅笔强调口袋、立领、纽扣和衣袖上的带子。

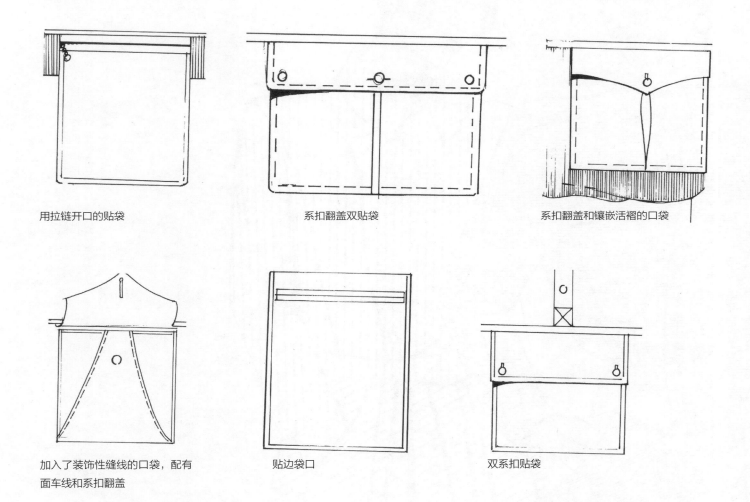

用拉链开口的贴袋

系扣翻盖双贴袋

系扣翻盖和镶嵌活褶的口袋

加入了装饰性缝线的口袋，配有
面车线和系扣翻盖

贴边袋口

双系扣贴袋

位于髋部附近的贴袋

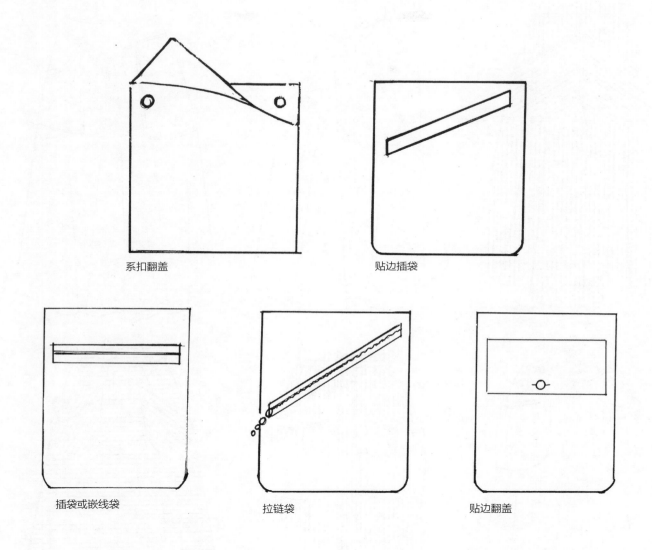

系扣翻盖　　　　　　　　　　　　　　贴边插袋

插袋或嵌线袋　　　　　　拉链袋　　　　　　贴边翻盖

一些不同开口的贴袋

一些位于裙身上的贴袋，加入
了碎褶和褶裥

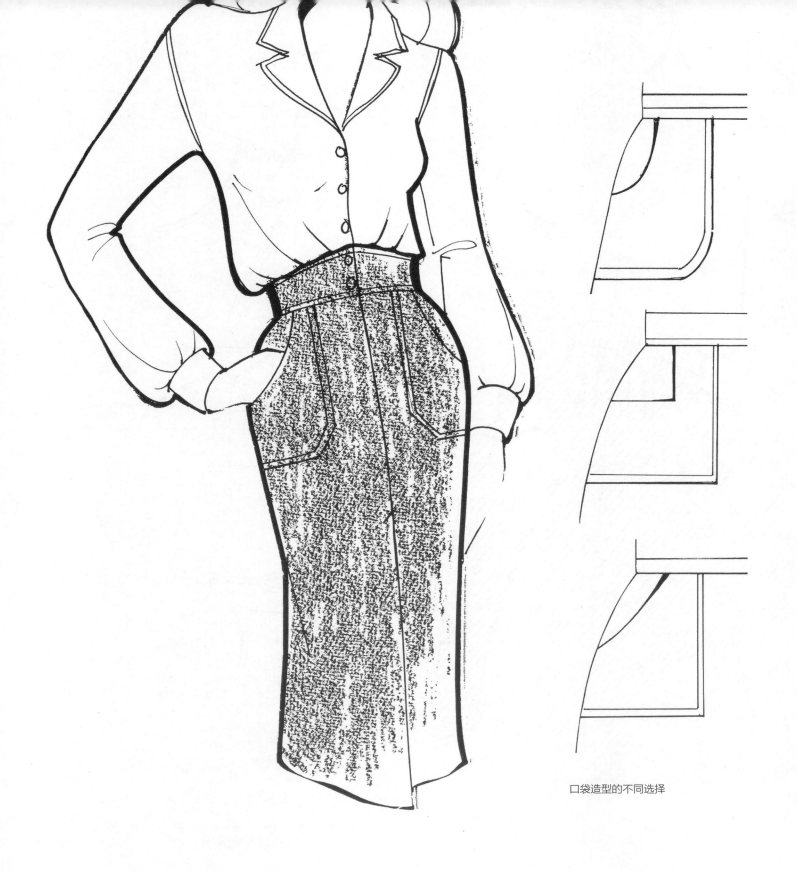

口袋造型的不同选择

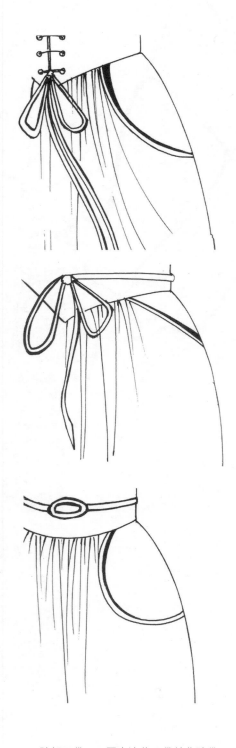

髋部口袋——图中这些口袋并非贴袋，不过也是缝合固定在服装上面的

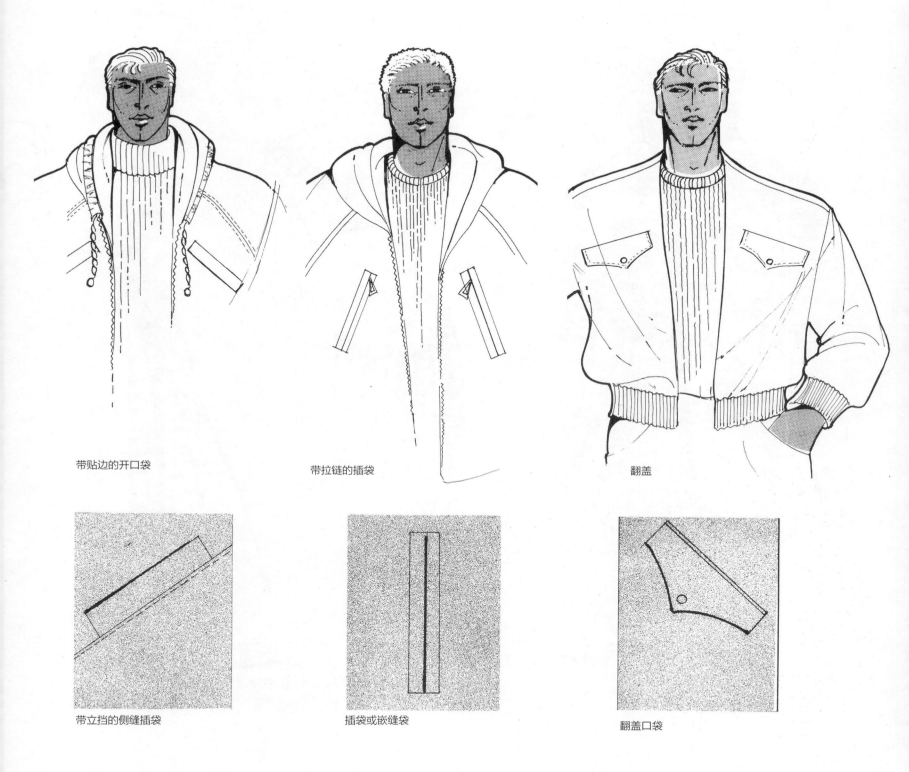

带贴边的开口袋

带拉链的插袋

翻盖

带立挡的侧缝插袋

插袋或嵌缝袋

翻盖口袋

一些开口袋的例子

立领夹克和绳边紧
固件

此处的时装速写图使用了
笔芯柔软的黑色铅笔绘制
完成，并通过控制笔触的
力度来画出不同效果

这是一种将布料斜裁后形成的卷边或褶皱。它
可以搭配纽扣使用，或围成一圈形成装饰性边饰还
可以做成纺锤形扣子或用在肩带或系带上。

绳边

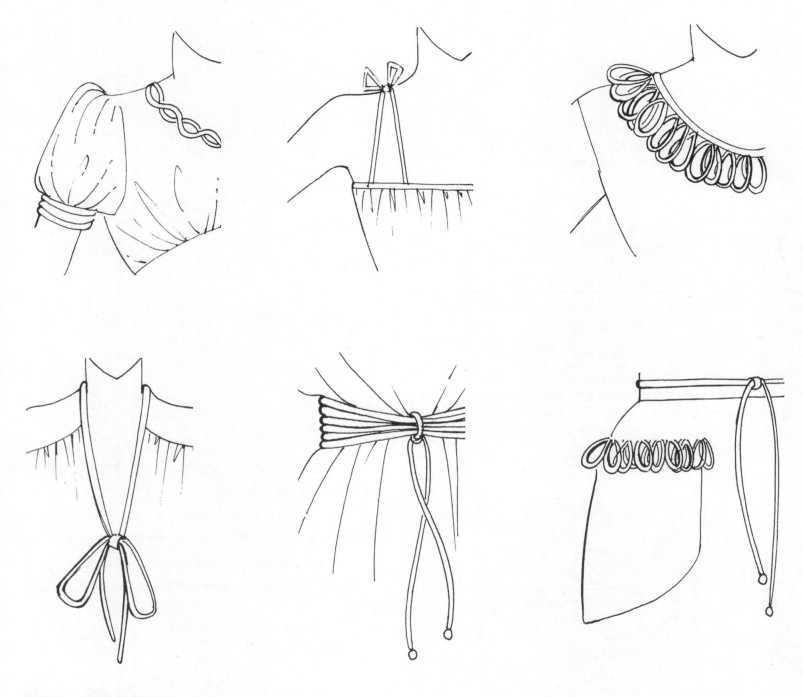

一些将绲边用在颈部、肩部、腰部、袖子
和口袋上的例子

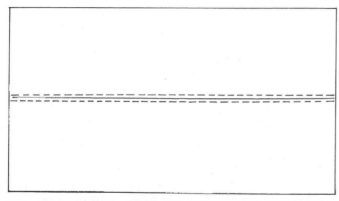

平缝。如图所示，这是一排缝线，通过手工或机器来将两块布料缝合在一起。缝合线既可以是装饰性的，也可以是功能性的。

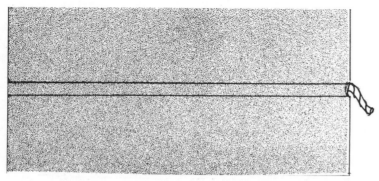

夹心嵌条缝或绲边接缝。夹心嵌条指的是用一块条状斜裁布料包裹住缝合线的做法。绲边的内里填充了棉花，厚度可以人工调控；表面覆盖的布料既可以与服装所用布料相协调，也可以与其形成鲜明对比。这类绲边接缝的工艺经常用在时装需要强调缝合线的部位。

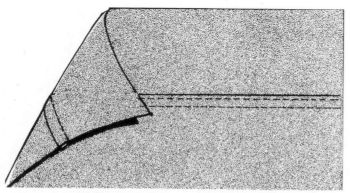

明包缝。指的是一种明显的领圈缝，在服装的表面或内里都有可能看到这种缝合线。在休闲服或运动装表面使用它的效果最为明显。

在服装设计中，造型线条可以依靠缝合线来实现，缝合线同样也能打造一款服装的轮廓或为服装增添装饰性效果。一款设计中可能用到多种不同的缝合技巧，比如绲边接缝、混搭嵌条缝、加入褶边的明线缝合等。有一些缝合技术的优势在于其结实程度，比如在设计运动装和休闲服时用到的缝合技术，另外一些缝合技术则是为了适应某些特定布料材质而存在。

缝合

分缉缝

分缉缝。上层的缝线从每一边的接缝处到两边形成等距，主要用来达到装饰效果，同时又起到缝合布料的作用。

肩部育克和腰线缝合处的碎褶

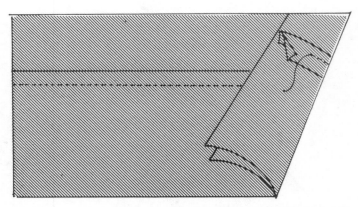

贴边缝。这是对折缝工艺的一种演变，这种缝合技巧主要被用在厚重的布料上，起到加固的作用，常见于儿童休闲装、工作服和运动装。

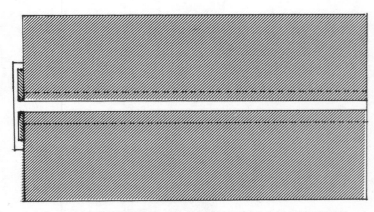

嵌条缝。这是一种装饰性缝线，通过混搭缝线下衬的布料来增加趣味性。这种缝线可以用于育克、袖子、袖口、腰带、口袋和插片缝合处。可斜裁平纹布料，或做出对比鲜明的花纹。

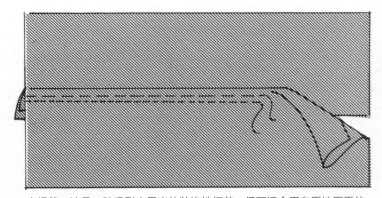

坐缉缝。这是一种吸引人目光的装饰性细节，但不适合用在质地厚重的布料上。

压缉线。这种缝合线能起到装饰的作用，比如用来强调衣领、
袖口、育克或口袋的轮廓。使用对比鲜明的纱线也可以。

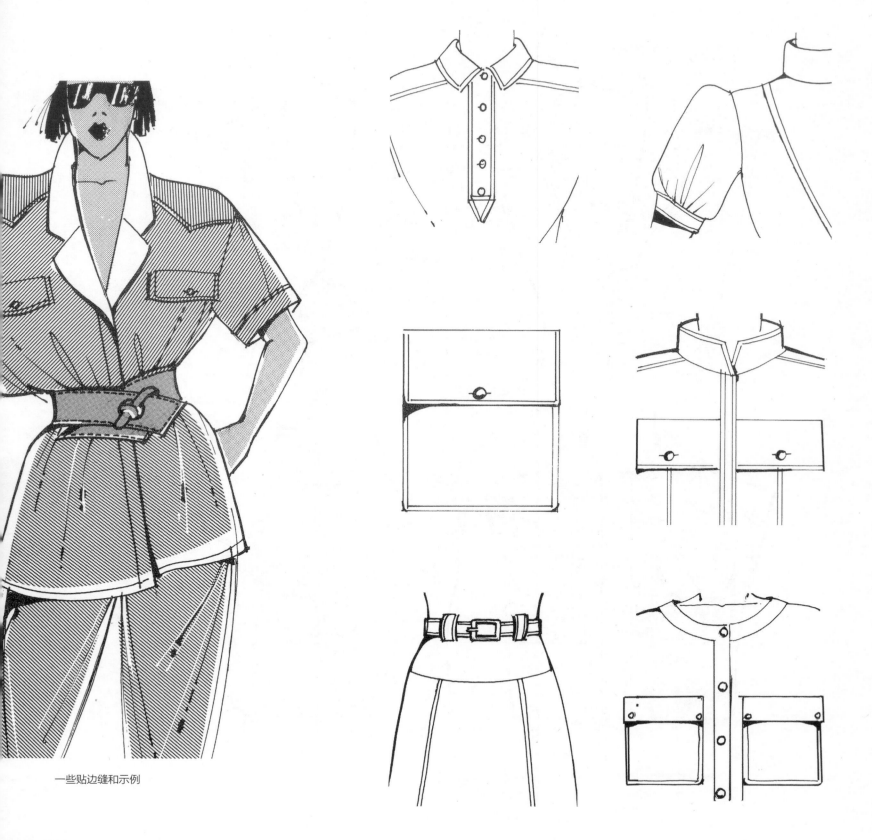

一些贴边缝和示例

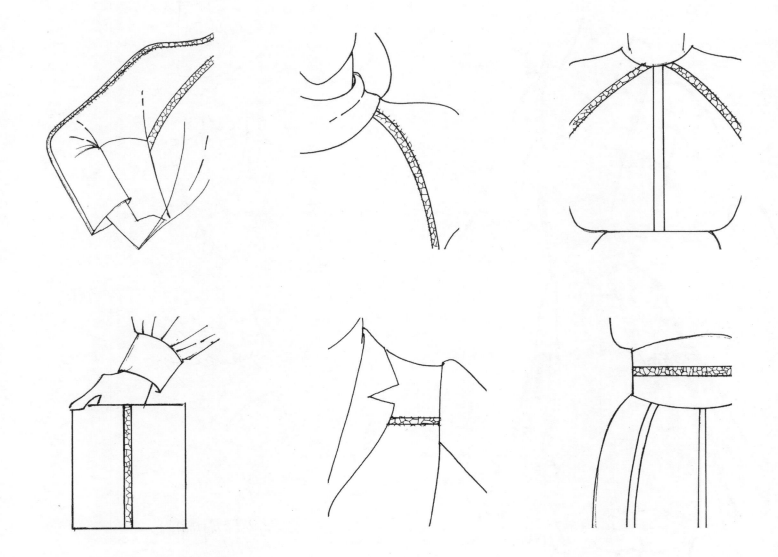

一些嵌条缝示例，使用了混搭布料来增加
时装的装饰性效果

搭缝结合裙身侧面的碎褶为胸衣和裙子增
添了趣味性

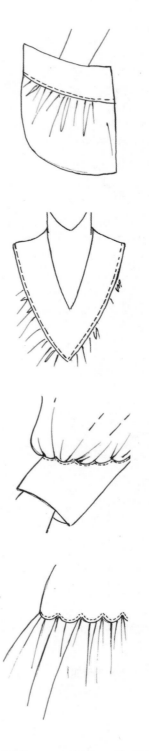

呈现搭缝的细节。将一块布料搭在另一块之上，然后从右侧
开始缝合，这样操作的好处是右边那块布料会一直处于上层
的位置。这种缝合技巧可以用于任何轮廓的缝合，也更方便
在缝合处加入碎褶，通过移动碎褶来达到预期的效果。

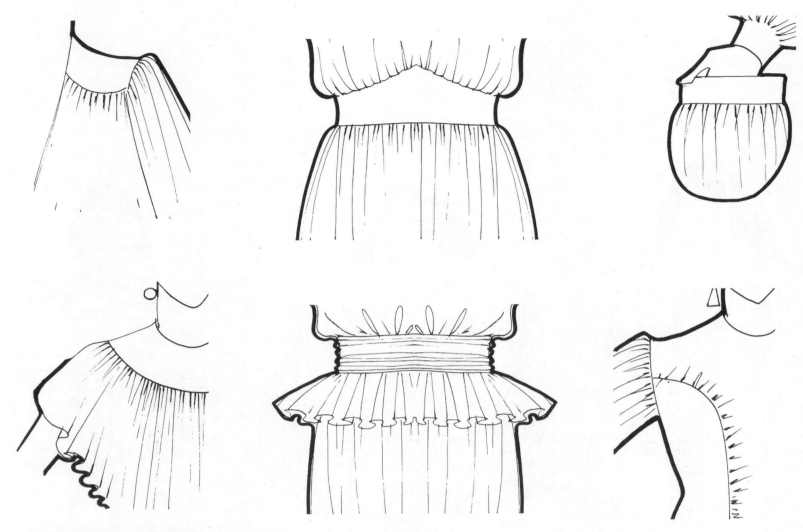

一些时装中的碎褶细节，建议使用柔软的布料，比如用针织、丝绸、薄纱或细天鹅绒做成细密的小褶皱

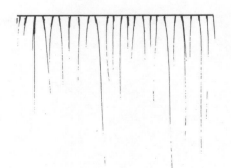

碎褶缝。这是一种非常具有装饰效果的缝合方法。其效果通常取决于所使用布料的柔软程度以及做出碎褶数量的多少。这种方法常常使用在袖子、袖口、育克、腰带和插片缝合处。

将明线作为装饰之一，以强调缝合线的细节

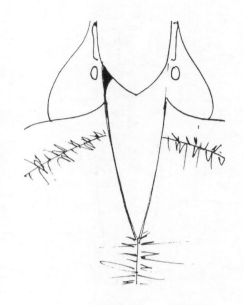

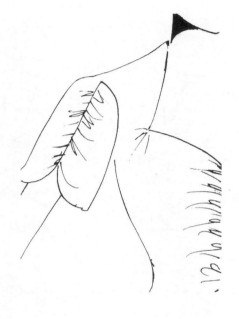

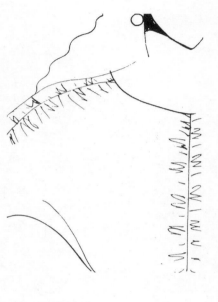

一些衍生自褶边缝的设计

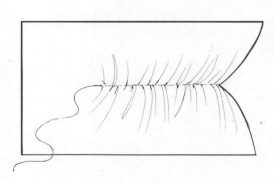

褶边缝。将这个技巧用在裙身、袖子、胸
衣或肩部，都能起到非常好的装饰作用。
通过拉紧缝合线来获得起褶的效果。

更多演化自褶边缝的例子

此处的设计速写图是用 2B 铅笔在速
写本中的绘图纸上完成的，色彩部
分使用得韵水溶性彩色铅笔来绘制

在一片较大的范围内使用多排带有弹性的抽褶来达到装饰的效果，可以有效调控该区域布料的饱满度。具有拉伸效果的抽褶，使服装变得贴身的同时又能够随着身体的动作而伸缩。抽褶既可以用于整件胸衣之上，也可以用在较小块的区域，比如袖口、肩部、腰部或髋部。轻量布料是最适合用来做出抽褶的。

领口、袖口和腰部区域的抽褶

抽褶

裙身和胸衣上的抽褶

大面积使用抽褶使服装更加贴身

一些用在袖子和胸衣上的衍
生自抽褶的装饰

此处的展示图使用了黑色绘图笔、得韵彩色铅笔来绘制，皮肤和阴影部分使用理查斯特马克笔来表现，抽褶处的细节则是用极细笔绘制的。图中模特的动作被赋予了动感，以增添展示图的趣味性，并强调布料的飘逸和摆动。

一些用于连衣裙上的衍生自抽褶的装饰

和服袖

本书的插画展示了许多不同风格的衣袖。请注意通过添加袖口、碎褶、活褶和缝褶，或改变衣袖的宽度（从贴身衣袖到宽松衣袖）可以获得很多设计效果。面料的使用也会为设计带来各种不同的效果，从柔软、飘逸的布料，到厚重、富有质感的的锦缎材质。衣袖的变体有很多。

和服袖

经典的和服袖跟上衣形成T字形。T字形的剪裁使服装产生褶皱，并打造出一种垂坠的效果。和服袖可以用一块育克剪裁而成，这样剪裁的和服袖更加合身一些。此类衣袖可用于多种服装，如休闲装、大衣、夹克、连衣裙和晚礼服等。

连肩袖

连肩袖有一条斜向上的缝合线一直延伸至领口的另一条缝合线处。此类衣袖可通过直线剪裁或斜裁一块或两块布料来制作。肩部由于缝褶、碎褶或缝合线而形成的弧线，可作为连肩袖轮廓的一部分而存在。

装袖

连体装袖是最经典的衣袖样式，它可以让设计师创造出许多不同的变化。

盖袖

一种很短的短袖，简洁地作为肩部的延伸存在，通常不会长至胳膊。

衣袖

无袖

连肩袖

装袖

马鞍袖

垂肩袖

短连肩袖

马鞍袖

这些设计速写图或设计平面图展示了一种简易又快速的用来呈现创意的方法。此类图既可以徒手画，也可以利用模板来展现你的设计。在初期阶段，所展示作品的风格应该清楚地让人感受到剪裁、缝合部分以及设计细节。人像的脸部和头发只画个大概，也可以晚一些时候再加上。用彩色铅笔着色来表现布料的材质及色调，并通过留白强调布料的褶皱和表面质感。

长连肩袖

宽大的泡泡袖

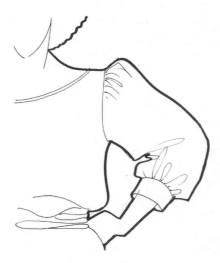

七分袖

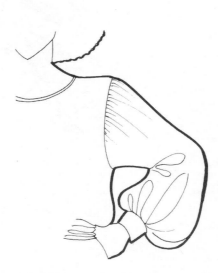

灯笼袖，袖口处比肩部更加饱满

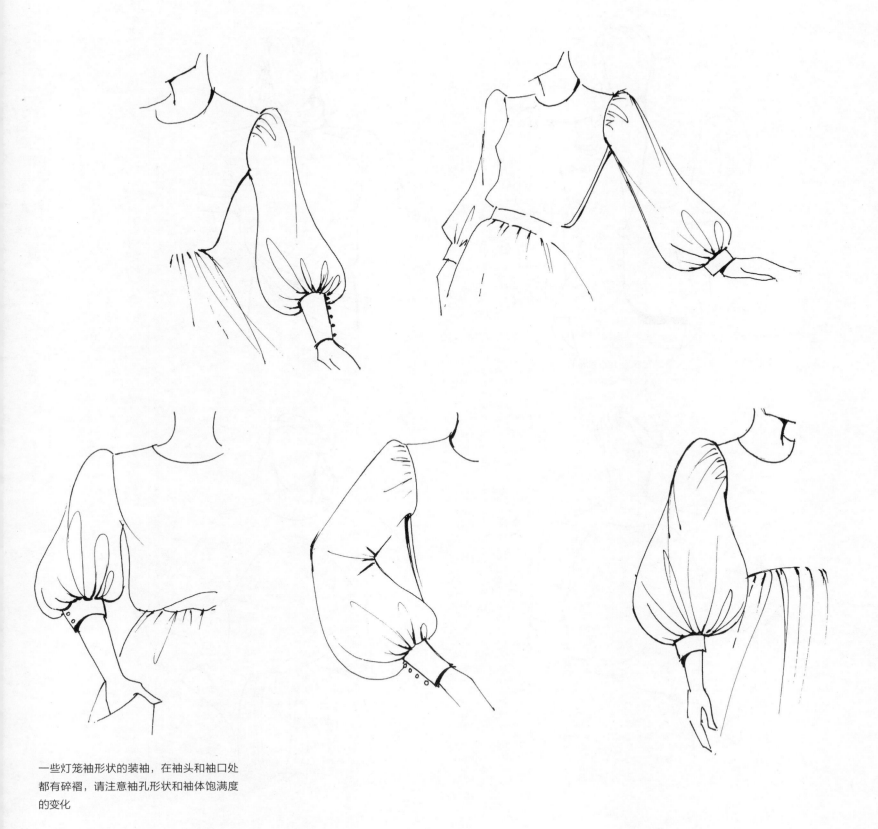

一些灯笼袖形状的装袖,在袖头和袖口处都有碎褶,请注意袖孔形状和袖体饱满度的变化

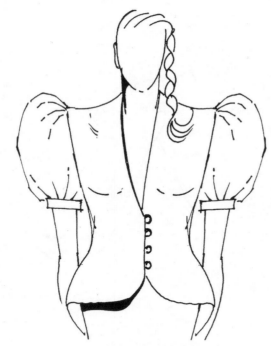

缝装在衣服上的泡泡袖

马鞍袖

连肩袖

连肩袖的变体

缝装在服装上的大泡泡袖，袖头有饱满的碎褶和一条混搭布料的边带。夹克的修身腰线以及臀部轮廓，凸显出绳边紧固件。

不同长度的缝装袖，搭配扇贝形状的边缘

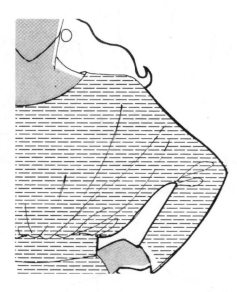

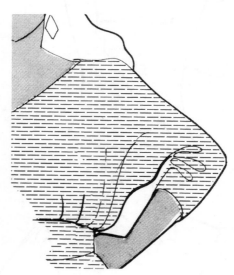

和服袖

一些衍生自和服袖的衣袖样式

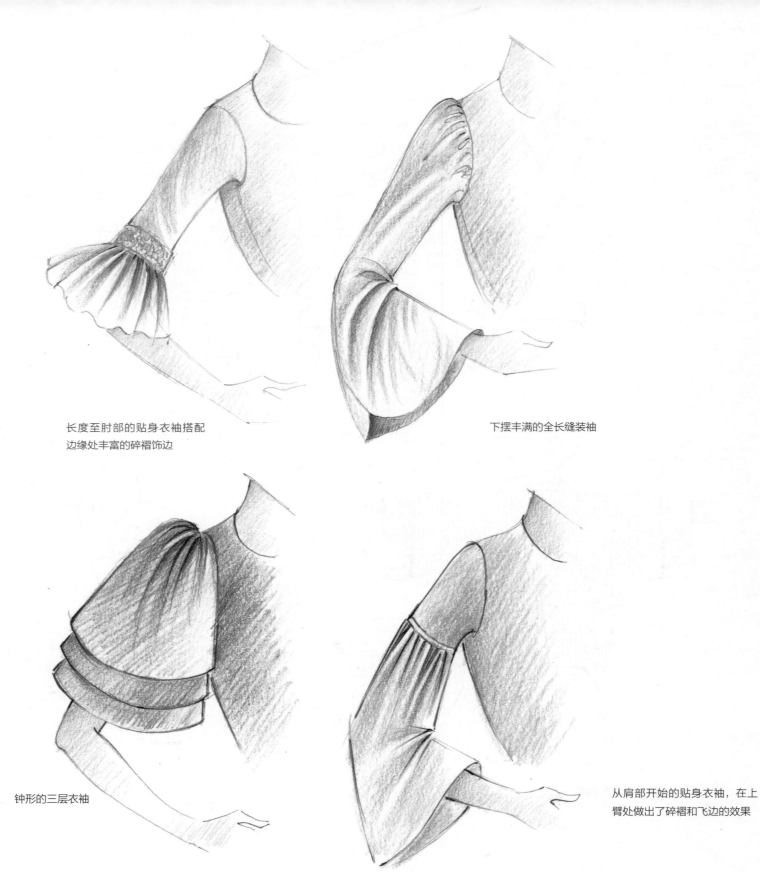

长度至肘部的贴身衣袖搭配
边缘处丰富的碎褶饰边

下摆丰满的全长缝装袖

钟形的三层衣袖

从肩部开始的贴身衣袖，在上
臂处做出了碎褶和飞边的效果

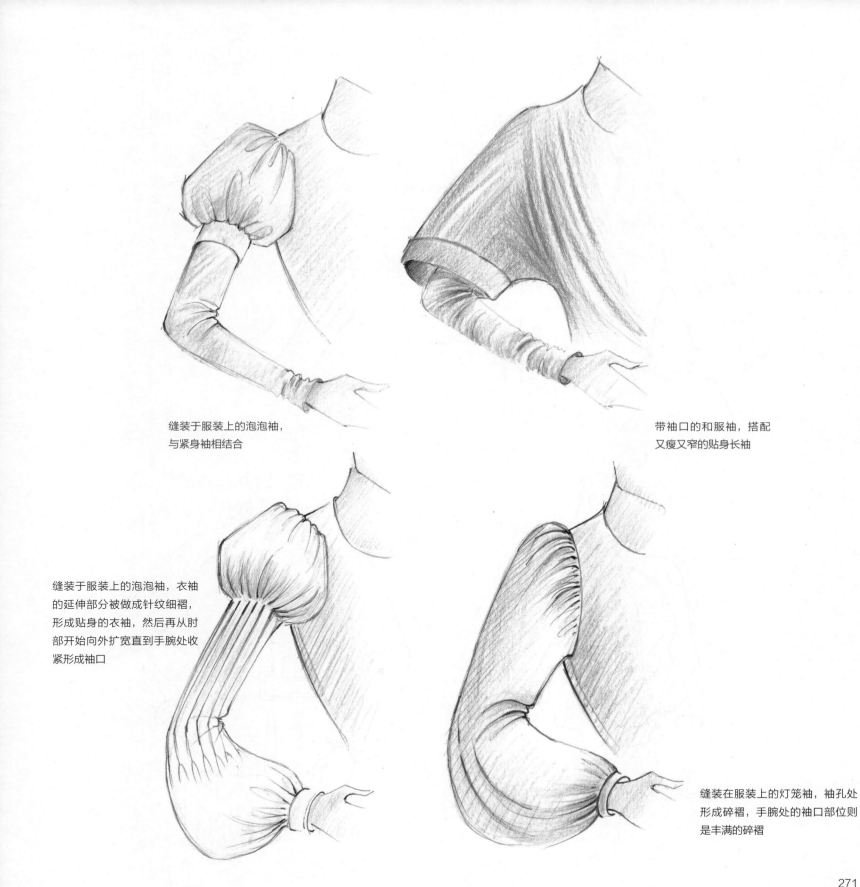

缝装于服装上的泡泡袖，
与紧身袖相结合

带袖口的和服袖，搭配
又瘦又窄的贴身长袖

缝装于服装上的泡泡袖，衣袖
的延伸部分被做成针纹细褶，
形成贴身的衣袖，然后再从肘
部开始向外扩宽直到手腕处收
紧形成袖口

缝装在服装上的灯笼袖，袖孔处
形成碎褶，手腕处的袖口部位则
是丰满的碎褶

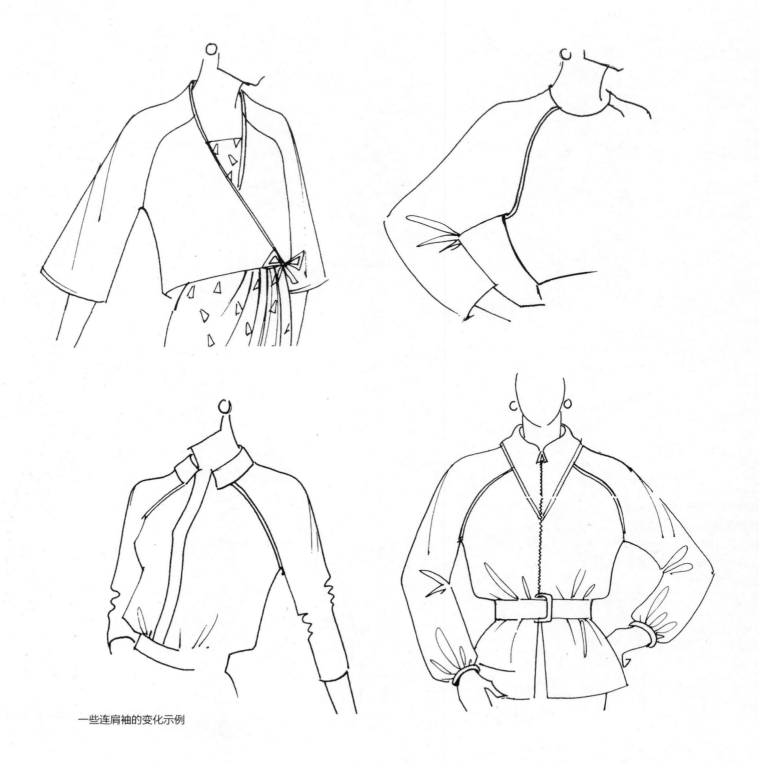

一些连肩袖的变化示例

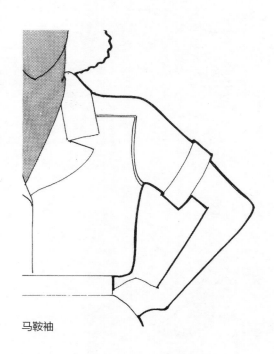

马鞍袖

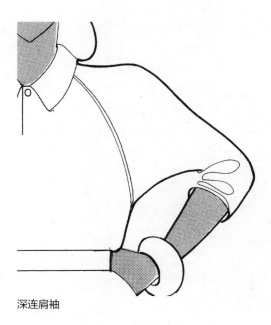

深连肩袖

马鞍袖

一些衍生于蝙蝠袖的衣袖样式

垂肩袖

装袖

此处的插图是利用模板制作的
和服袖的展示图

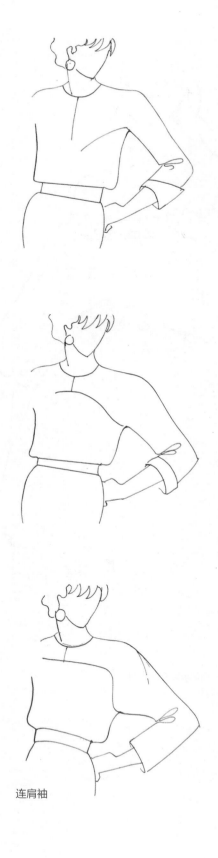

连肩袖

结合了传统刺绣针法的
装饰性缩褶

装饰性缩褶

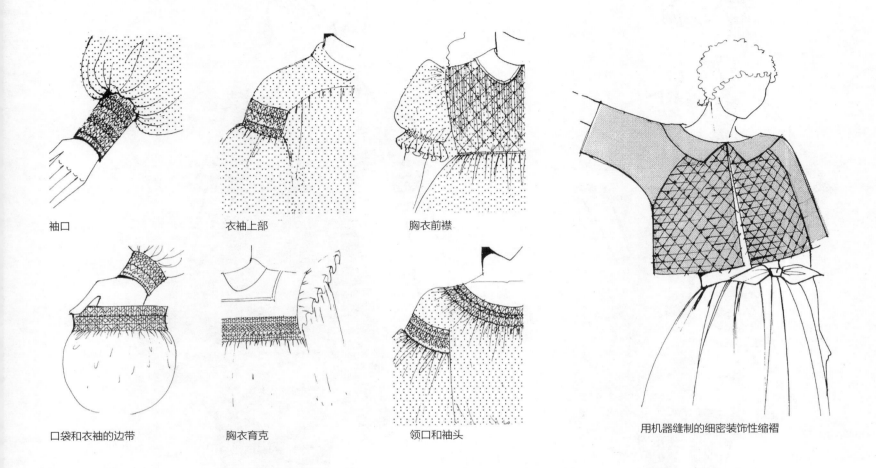

袖口

衣袖上部

胸衣前襟

口袋和衣袖的边带

胸衣育克

领口和袖头

用机器缝制的细密装饰性缩褶

　　装饰性缩褶可以在许多种布料上实现，包括印花布、条纹棉布、丝绸、轻量羊毛面料和花呢。它是很多设计中都会用到的十分有效的装饰方法，从儿童服装到日常穿着和晚礼服都能用到。

　　装饰性缩褶用纱线来进行刺绣，根据所用布料的类型来选择不同的纱线。可以使用与布料相同颜色的纱线来营造质感，也可以将每一行装饰性缩褶都用不同颜色或多种颜色的纱线来缝制。只要保证做好碎褶，就可以根据最终需要的效果，使用不同的刺绣针法来做出各种图案。

被用作裙装设计元素的装饰性缩褶

一些用在腰线、髋部和领口处的装饰性
缩褶设计

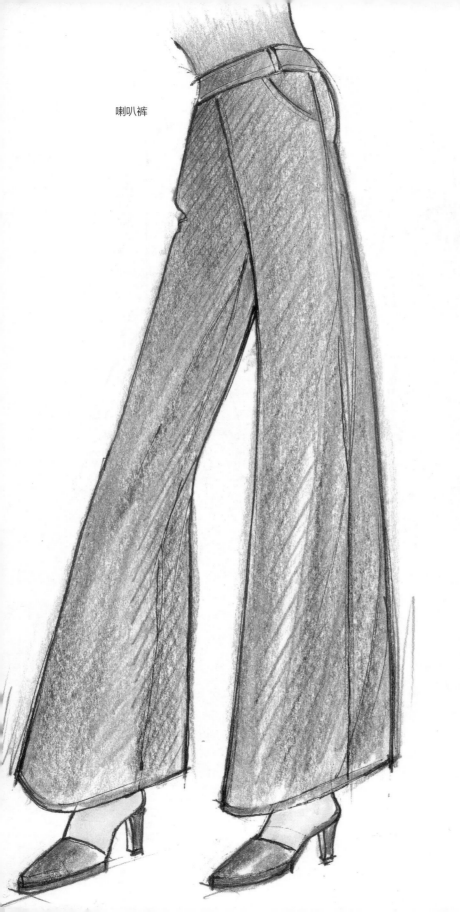

喇叭裤

　　长裤的分类，主要取决于裤长及裤管的剪裁方式。其中，流行的裤长包括对页插图中所展示的七分裤，除此之外还有长及脚踝和及地的长度。裤管的剪裁则从紧贴腿部的紧身裤到喇叭裤（见第283页），甚至裙裤，应有尽有。裤脚的处理则有平边和翻边的区别，就算是非常窄瘦的贴身裤也可以做成翻边缝线的裤脚。其他细节则主要体现在口袋的造型、明线的使用、刺绣或贴花上。

长裤

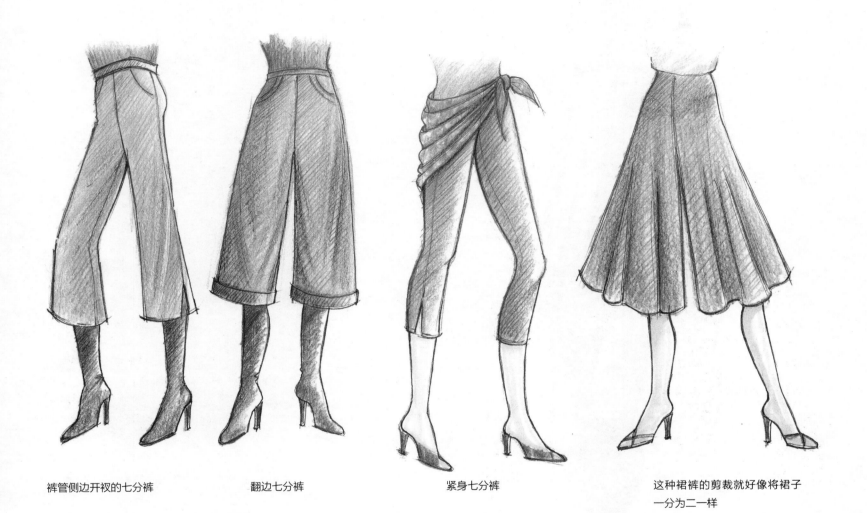

裤管侧边开衩的七分裤　　　　　翻边七分裤　　　　　　紧身七分裤　　　　这种裙裤的剪裁就好像将裙子
　　　　　　　　　　　　　　　　　　　　　　　　　　　　　　　　　　　　　一分为二一样

这是一幅画在纹理纸上的牛仔裤搭配连衣裙展示图。色彩部分使用了得韵彩色铅笔，细节部分使用细尖钢笔来绘制。理查斯特马克笔则用来给皮肤上色。

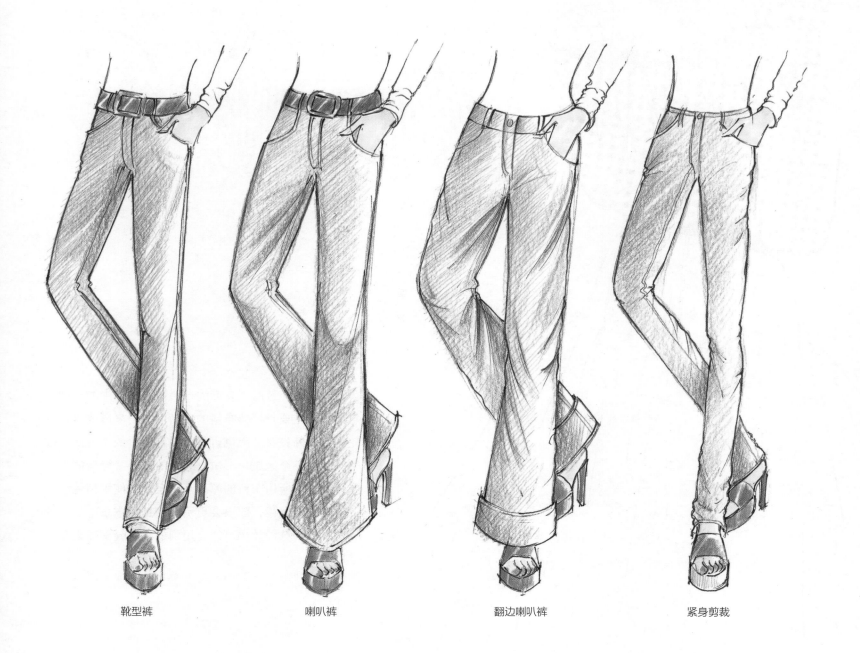

靴型裤　　　　　　喇叭裤　　　　　　翻边喇叭裤　　　　　紧身剪裁

一些缝褶示例

缝褶同样是用于装饰的布料褶皱工艺中的一种，它的效果主要是保持布料的丰满度并用来形成服装的轮廓。此外，服装上也可能会用到大量的宽缝褶，或将服装的某个区域全部做成缝褶的效果。缝褶的视觉效果取决于所用布料的厚度及图案。若使用精致细软的布料来做缝褶，效果会更引人注目。本章中的插图展示了在一款设计中可能会用到的各种缝褶效果及其使用方法。

缝褶

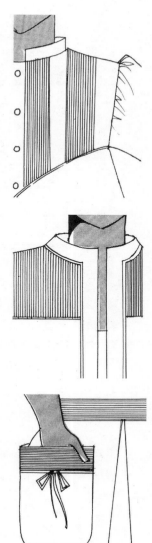

在某区域使用大量的针形缝褶，区域边缘使用绲边或
蕾丝

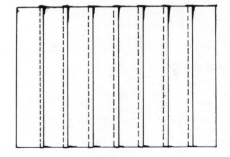

针形缝褶。这类缝褶的每一条褶皱都十分细窄，且褶皱间的
空隙也极小，是一种细密的缝褶。由于褶皱细密，因此很难
让其倒向某一边，所以针形缝褶是立起的褶皱。这种缝褶通
常与刺绣和蕾丝搭配，使用在插片、口袋或育克处。

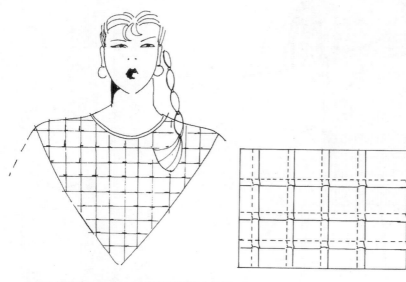

十字缝褶： 在育克、口袋和服装的大片区域使用十字缝褶时，通常会给人带来舒服的感觉。

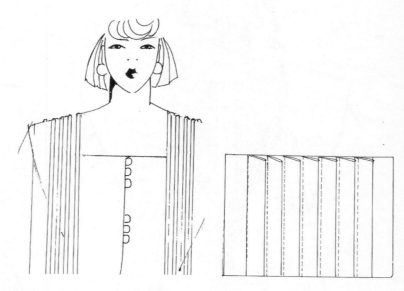

暗褶： 互相搭在一起的缝褶被称为暗褶。

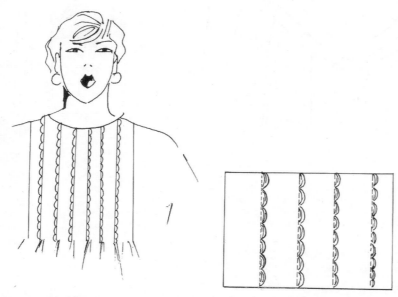

贝壳形缝褶： 贝壳形缝褶会形成十分引人注目的扇形边缘。多用在装饰性布料上，用于制作晚礼服和儿童服装。

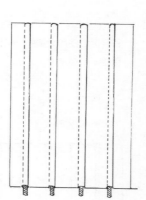

绲边缝褶： 将绲边包裹的内里插入每个缝褶中，这样做可以强调缝褶。

两种针形缝褶的变化形式，
用在裙子和衣袖部位

287

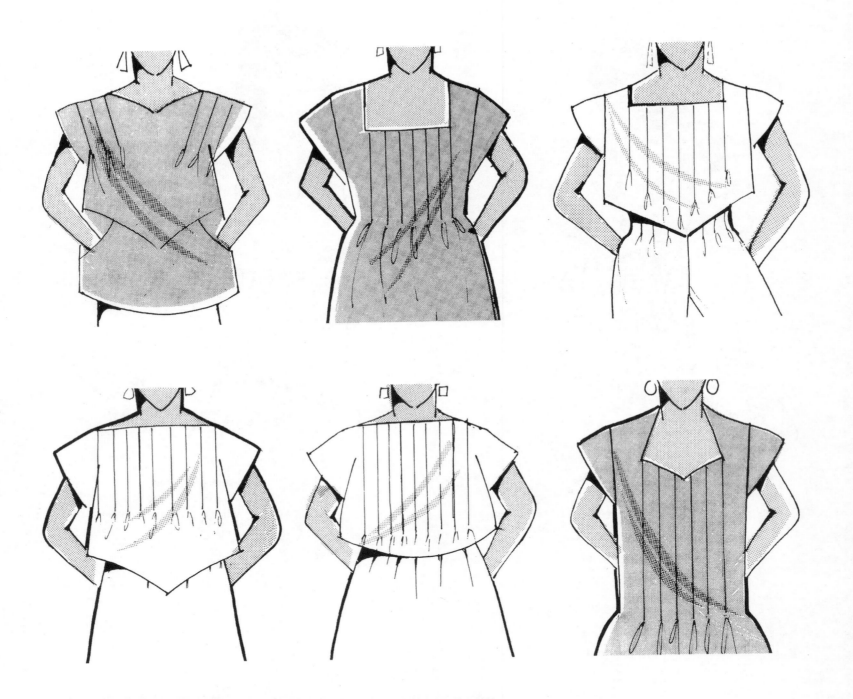

有关松散缝褶创意的示例。松散缝褶用于调整服装的丰满度，它可以在某个必要的区域将布料展开来。一种方法是拆开缝褶的其中一端，也可以从两端拆开。半褶比较适合顺着布料的直纹来缝制。

松散缝褶的演变示例

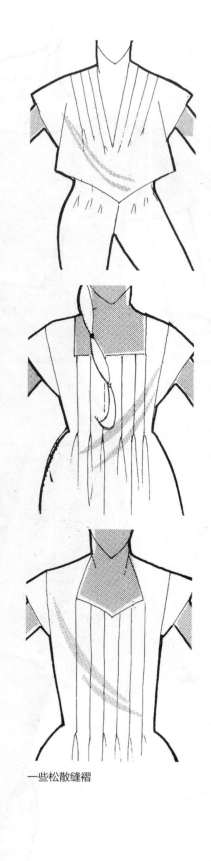

一些松散缝褶

一些位于胸衣和裙身上的变化的开衩

纵裂开口和开衩能够为
外套或夹克的设计带来
动感

这些深浅不一的开衩常被用在夹克上，
比如夹克背部的正中间或两侧。从工艺上来
说，开衩是在纵裂开口部位上重叠另一块布
料做出的效果。

开衩

夹克的背部以及裙
身上都有开衩

上衣和衣袖上的开
衩及纵裂开口

卷边蝴蝶结

碎褶和蝴蝶结

抽褶

带纽扣的活褶

高腰腰带

饰带

加装育克

带式

加装松紧带

从最简单的样式到作为设计中主要细节存在的复杂样式，腰带的形式多种多样。此处的插图展示了一些腰带设计的创意。

腰带

腰带轮廓与造型风格的搭配示例

半身裙上的腰带细节

位于腰线以下的腰带

更多位于腰线以下腰带的例子

胸衣或衬衫上配有扇形边缘和碎褶的育克

育克

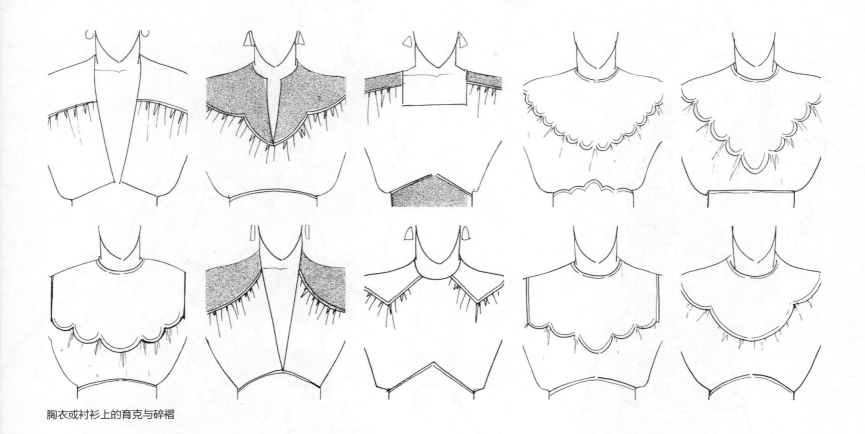

胸衣或衬衫上的育克与碎褶

　　育克是服装上的一块平铺区域。通常
使用与服装面料形成对比的布料或加缝绲
边来强调其轮廓，也可与纫缝、刺绣、缩
褶、缝褶、贴花或装饰性缝线相结合。给
服装搭配育克可以增强其设计感。育克的
轮廓以弧形和方形为基础，并从这两种轮
廓中衍生出很多其他的形态。

腰部育克

颈部和髋部的育克，搭配
装饰性缝线

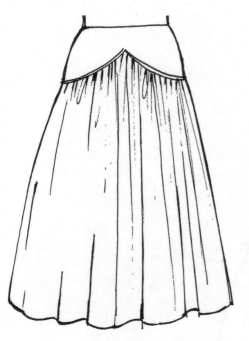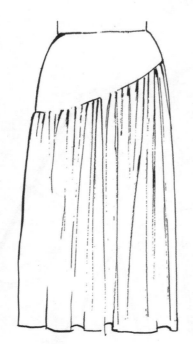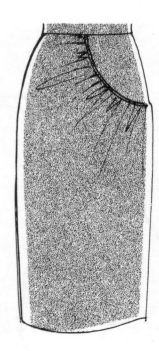

裙身上从弧线形育克部位开始的褶皱和碎褶，使用了绲边来强调育克的轮廓

半身裙和连衣裙上育克的衍生形态

拉链的宽度和长度有很多不同的选择。其材质从金属到尼龙都有。除了作为紧固件的功能性，现在的拉链已成为一种时尚的装饰细节，被用在许多设计之中。

拉链

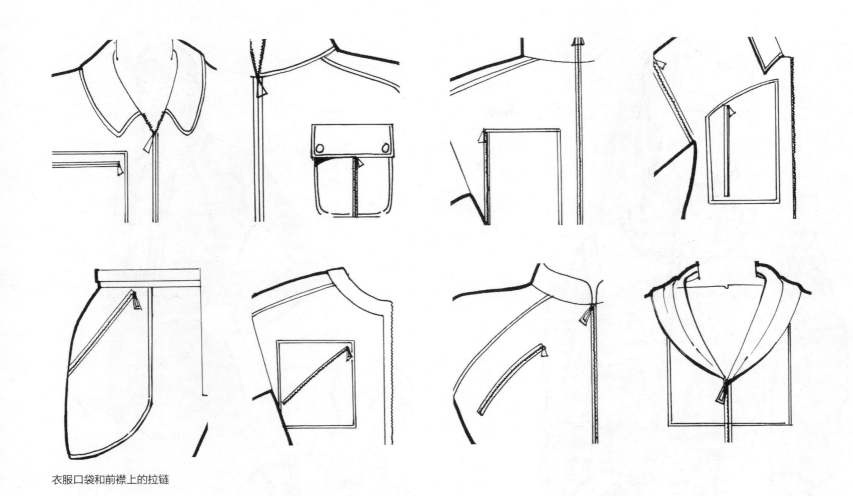

衣服口袋和前襟上的拉链

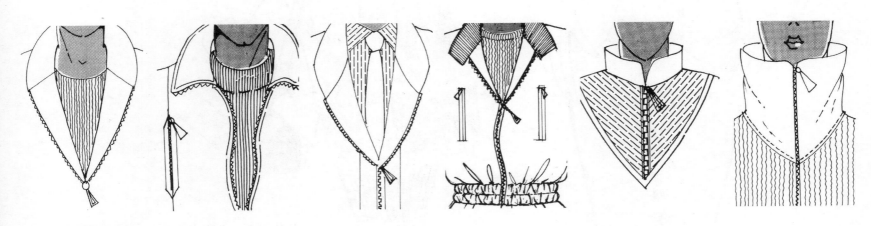

一些作为时尚细节存
在的拉链装饰

在前襟正中安装拉链的设计，
衣袖以及口袋上也装有拉链

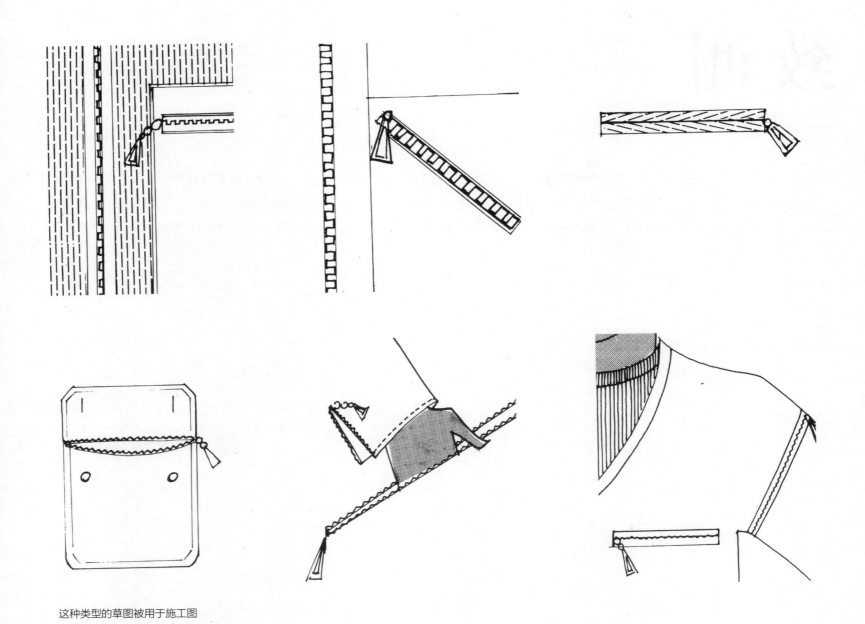

这种类型的草图被用于施工图

致谢

首先，我想感谢在我拜访各大学期间为这本书的创作提供过帮助的所有学生和讲师。我还想谢谢维多利亚和阿尔伯特博物馆的图书馆，以及我有缘近距离观察研究的所有服装系列，它们对我的研究颇有助益。最后，我要谢谢 Batsford 的编辑们—蒂娜·佩尔绍德（Tina Persaud）和克丽丝蒂·理查森（Kristy Richardson），以及生产部门的劳拉·布罗迪（Laura Brodie），谢谢他们在筹备此书的过程中对我的鼓励以及付出的耐心。